U0221483

北京自然观察手册

海鲜和河鲜

张辰亮　吴昌宇　王辰　著

北京出版集团
北 京 出 版 社

图书在版编目（CIP）数据

海鲜和河鲜 / 张辰亮，吴昌宇，王辰著. — 北京：北京出版社，2022.2

（北京自然观察手册）

ISBN 978-7-200-17018-4

I. ①海… II. ①张… ②吴… ③王… III. ①水产品 — 普及读物 IV. ①S9-49

中国版本图书馆 CIP 数据核字（2022）第 026755 号

北京自然观察手册

海鲜和河鲜

张辰亮 吴昌宇 王辰 著

*

北京出版集团
北京出版社 出版

（北京北三环中路 6 号）

邮政编码：100120

网址：www.bph.com.cn

北京出版集团总发行

新华书店经销

北京瑞禾彩色印刷有限公司印刷

*

145 毫米 ×210 毫米 6.625 印张 153 千字

2022 年 2 月第 1 版 2022 年 2 月第 1 次印刷

ISBN 978-7-200-17018-4

定价：68.00 元

如有印装质量问题，由本社负责调换

质量监督电话：010-58572393

序

北京的大都市风貌固然令人流连忘返，然而北京地区的大自然也一样充满魅力，非常值得我们怀着好奇心去探索和发现。应邀为“北京自然观察手册”丛书做序，我感到非常欣慰和义不容辞。

这套丛书涵盖内容广泛，包括花鸟虫鱼、云天现象、矿物岩石等诸多分册，集中展示了北京地区常见的自然物种和自然现象。可以说，这套丛书不仅非常适合指导各地青少年及入门级科普爱好者进行自然观察和实践，而且也是北京市民真正了解北京、热爱家乡的必读手册。

作为一名古鸟类研究者，我想以丛书中的《鸟类》分册为切入点，和广大读者朋友们分享我的感受。

查看一下我书架上有关中国野外观察类的工具书，鸟类方面比较多，最早的一本是出版于2000年的《中国鸟类野外手册》，还是外国人编写的，共描绘了1329种鸟类；2018年赵欣如先生主编的《中国鸟类图鉴》，收录1384种鸟类；2020年刘阳、陈水华两位学者主编的《中国鸟类观察手册》，收录鸟类增加到1489种。仅从数字上，我们就能看出中国鸟类研究与观察水平的进步。

近年来，在全国各地涌现了越来越多的野外观察者与爱好者。他们走进自然，记录一草一木、一花一石，微信朋友圈里也经常能够欣赏到一些精美的照片，实在令人羡慕。特别是某些城市，甚至校园竟然拥有他们自己独特的自然观察手册。以鸟类观察为例，2018年出版的《成都市常见150种鸟类手册》受到当地自然观察者的喜爱。今年4月，我参加了苏州同里湿地的一次直播活动，欣喜地看到了苏州市湿地保护管理站依据10年观测记录，他们刚刚出版了《苏州野外观鸟手册》，记录了全市374种鸟类。我还听说，多个湿地的观鸟者们还主动帮助政府部门，为鸟类的保护做出不少实实在在的工作。去年我在参加北京翠湖湿地的活动时，看到许多观鸟者一起观察和讨论，大家一起构建的鸟类家园真让人流连忘返。

北京作为全国政治、文化和对外交流的中心，近年来在城市绿化和生态建设等方面取得长足进展，城市的宜居性不断改善，绿色北京、人文北京的理念也越来越深入人心。我身边涌现了很多观鸟爱好者。在我们每天生活的城市中观察鸟类，享受大自然带给我们的乐趣，在我看来，某种意义上这代表了一个城市，乃至一个国家文明的进步。我更认识到，在北京的大自然探索观赏中，除了观鸟，还有许多自然物种和自然现象值得我们去探究及享受观察的乐趣。

“北京自然观察手册”丛书正是一套致力于向读者多方面展现北京大自然奥秘的科普丛书，涵盖花鸟鱼虫、动物植物、矿物和岩石以及云和天气等方方面面，可以说是北京大自然的“小百科”。

丛书作者多才多艺、能写能画，是热心科普与自然教育的多面手。这套书缘自不同领域的10多位作者对北京大自然的常年观察与深入了解。他们是自然观察者，也是大自然的守护者。我衷心希望，丛书的出版能够吸引更多的参与者，无论是青少年，还是中老年朋友们，加入到自然观察者、自然守护者的行列，从中享受生活中的另外一番乐趣。

人类及其他生命均来自自然，生命与自然环境的协同发展是生命演化的本质。伴随人类文明的进步，我们从探索、发现、利用（包括破坏）自然，到如今仍在学习要与自然和谐共处，共建地球生命共同体，呵护人类共有的地球家园。万物有灵，不论是尽显生命绚丽的动物植物，还是坐看沧海桑田的岩石矿物、转瞬风起云涌的云天现象，完整而真实的大自然在身边向我们诉说着一个个美丽动人的故事，也向我们展示着一个个难以想象的智慧，我们没有理由不再和它们成为更好的朋友。当今科技迅猛发展，科学与人文的交融也应受到更多关注，对自然的尊重和保护无疑是人类文明进步的重要标志。

最后，我希望本套丛书能够受到广大读者们的喜爱，也衷心希望在不远的将来，能够看到每个城市、每座校园都拥有自己的自然观察手册。

演化生物学及古鸟类学家

中国科学院院士

目　录

海鲜和河鲜观察指导

本书物种的选取标准

所谓水产，泛指所有淡水、海水中出产的可食用物种，涉及的类群非常庞杂，本书物种的选取标准是北京市场和餐馆中容易见到的水生动物，如各种鱼、虾、蟹、贝类以及海参、海胆、海蜇、牛蛙、鳖等。

怎样观察水产

大部分水产的个体都比较大，外形特征用肉眼可以直接观察，内部结构既可以在宰杀、解剖等处理过程中观察，也可以在烹熟后食用过程中观察。有一些细微的结构，如鱼的鳞片、虾的足等，可以借助放大镜或显微镜观察。由于水产涉及的动物类群很多，我们接下来介绍一下它们不同类群的结构特点，以便于观察。

1 硬骨鱼的结构

1.1 硬骨鱼的外观

通常意义上的鱼，包括圆口类、软骨鱼和硬骨鱼三大类。北京市场上的鱼，基本都属于硬骨鱼，七鳃鳗、盲鳗等圆口类和鲨鱼、鳐鱼等软骨鱼非常少见。硬骨鱼的身体包括头、躯干和尾三大部分，躯干和尾上生有鳍。

1.1.1 体形

拿到一条鱼后，我们可以先观察它的体形，种类不同的鱼，体形上也有很大区别，常见的体形有以下几类：

纺锤形：身体头尾细、中间粗，一般略呈侧扁状，有利于在水中游泳，常见的鲤鱼、草鱼、黄鱼等均为此类体形。

纺锤形

侧扁形：身体左右轴短，呈明显的侧扁状，常见的有鲳、鲽、鲆、舌鳎、带鱼等类群。其中鲽、鲆、舌鳎等泛称为比目鱼，成鱼身体侧扁，生活时一侧身体贴在水底，双目长在身体的另一侧。

侧扁形

扁平形：身体背腹轴短，形状上下扁平状，生活时腹部贴在水底，游泳能力较弱，多生活于水体的中下层，常见的有鲇鱼、黄颡鱼、鮟鱇等。

扁平形

圆筒形：身体细长如同圆筒，多生活在水体中下层，常见的有黄鳝、鳗鲡等。

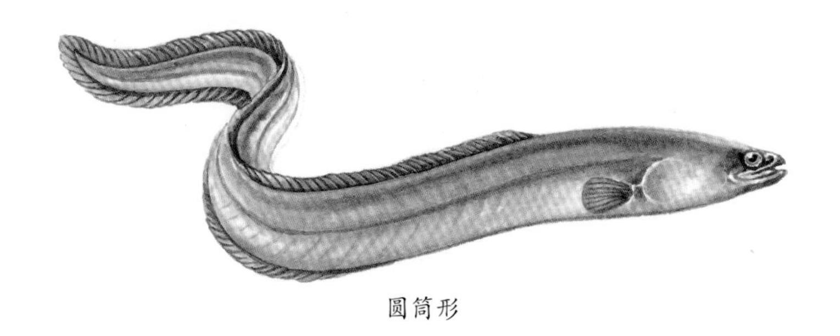
圆筒形

1.1.2 头部

硬骨鱼的头部上生有成对的眼和鼻孔：眼具有视觉功能，没有真正的眼睑，不能闭眼；鼻孔只有嗅觉功能，不参与呼吸。头部后方两侧有鳃盖，不同种类的鱼，鳃盖的形状、位置也会有差别。硬骨鱼的口由上下颌组成，上颌是头骨的一部分，下颌为可活动的下颌骨。

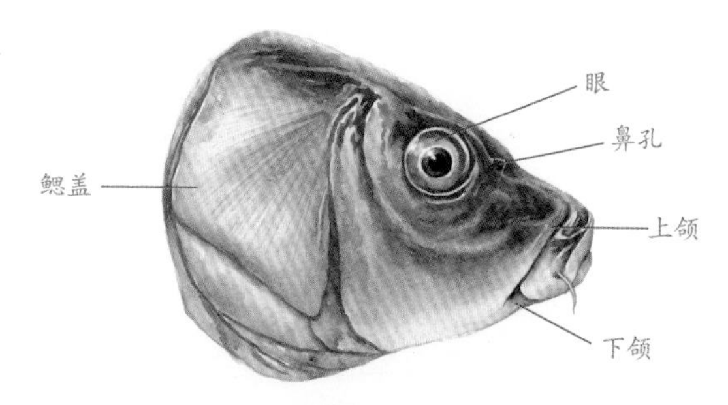

硬骨鱼头部侧面

不同种类的鱼，口的位置也有所不同，大致可以分为上位、端位、下位3种，这与它们的生活习性相适应。有些鱼的上颌或下颌还生有触须，具有感觉功能。

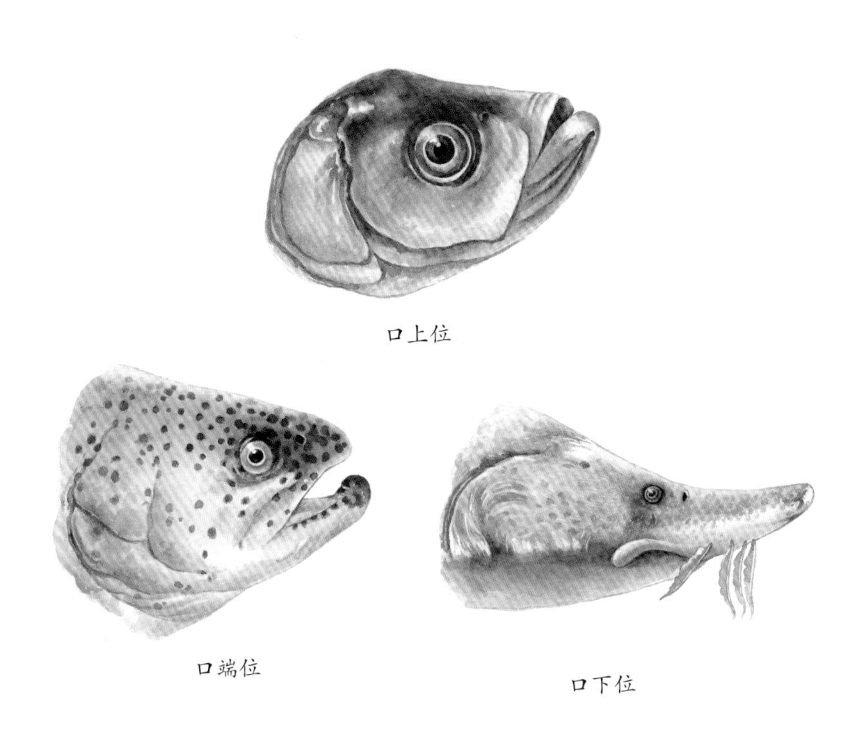

口上位

口端位

口下位

1.1.3 躯干

绝大多数硬骨鱼的躯干上长有鳍，两侧有侧线，皮肤表面覆盖鳞片，并且可以分泌黏液。

鳍是它们主要的运动器官，鳍中有鳍条支撑，鳍条又分为硬质的棘和柔软的软鳍条两种。从数量上看，硬骨鱼的鳍分为偶鳍和奇鳍两类：偶鳍左右成对，包括胸鳍和腹鳍，分别对应其他脊椎动物的前肢和后肢；奇鳍包括背鳍、臀鳍和尾鳍，背鳍长在背部，臀鳍长在肛门后方，尾鳍长在尾部。背鳍和臀鳍的数量与鱼的种类有关，并不固定，而尾鳍只有一个。

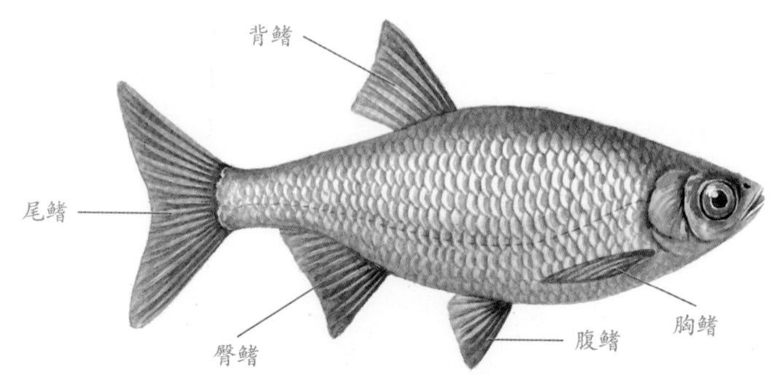

硬骨鱼鳍示意图

侧线一般从鳃盖后缘一直延伸到尾部，是硬骨鱼的感觉器官，内部有感觉细胞和神经，帮助鱼类探知水流变化，这也是在水中徒手很难抓到鱼的主要原因。不同种类的鱼，侧线的数量、形状以及侧线上下的鳞片数量也会有所不同，有时可以作为鉴别依据。

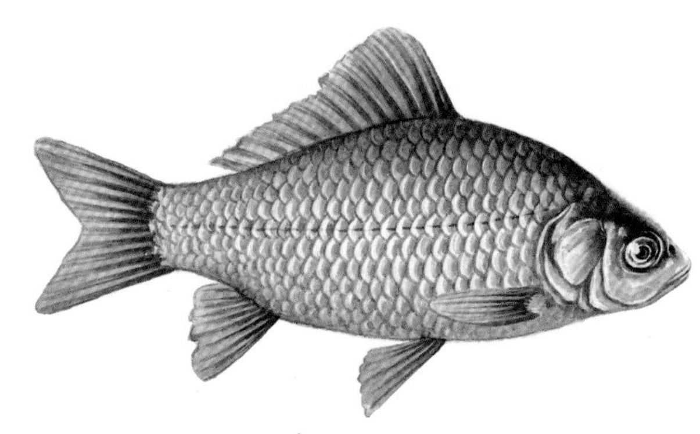

鲫鱼的侧线

小黄鱼的侧线

鳞片是鱼类皮肤的衍生物，分为楯鳞、硬鳞、圆鳞、栉鳞四大类，其中楯鳞为软骨鱼特有，后3种是硬骨鱼的鳞片。不同种类的鳞片，外形特点和在皮肤中的着生方式都会有差别，我们可以在杀鱼或者吃鱼的时候仔细观察。

硬鳞是一些比较古老的硬骨鱼特有的鳞片，最常见的是鲟鱼，它们的鳞片呈板状、坚硬，形状为菱形，呈对角线排列在皮肤表面。

圆鳞的鳞片前端斜插在皮肤内部，后端凸出于体外，边缘圆滑，一般在皮肤表面呈覆瓦状排列，鲤鱼、鲫鱼、草鱼等鱼类的鳞就是圆鳞。

栉鳞与圆鳞在皮肤中的着生方式和结构相似，都是前端斜插在皮肤内，后端凸出，只不过边缘有一些锯齿状的凸起，鲈鱼、石斑鱼等鱼类的鳞都是栉鳞。

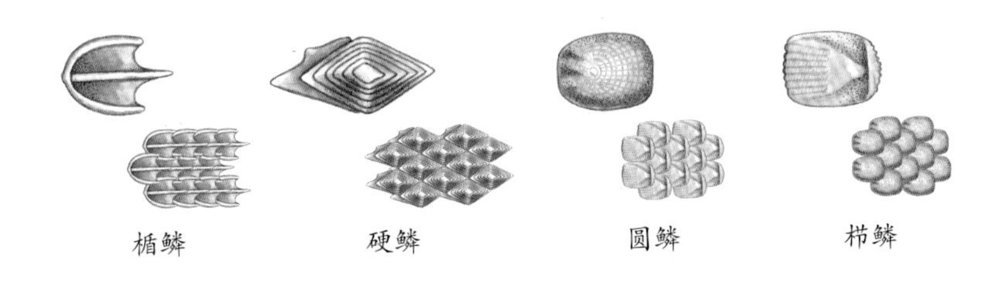

有一些种类的鱼，体表没有鳞片，如鲇鱼、黄颡鱼、泥鳅、黄鳝、带鱼等。还有一些鱼类，被人工培育出了无鳞或少鳞品种，如革鲤、镜鲤。北京民间有“病弱者不能吃无鳞鱼”的说法，实际并无科学依据。

1.1.4 尾

鱼类的尾可以分为原尾、歪尾和正尾三大类型。其中，原尾型为圆口类特有，尾部的骨骼、肌肉和尾鳍都是上下对称的；歪尾型见于软骨鱼和鲟鱼等硬鳞类硬骨鱼，尾部脊柱向上倾斜，延伸到尾鳍末端，尾鳍长在尾椎下侧；大部分硬骨鱼的尾都是正尾型，脊柱末端上翘，但仅仅延伸到尾鳍基部，尾鳍外形上下基本对称，形状随种类而异，也有多种类型。

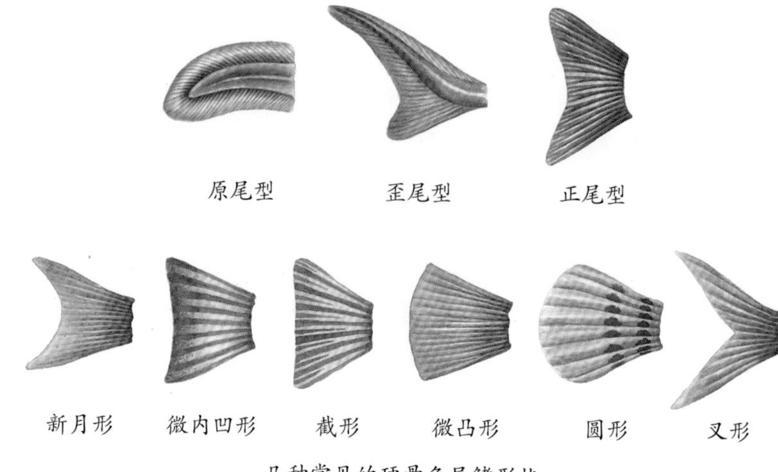

几种常见的硬骨鱼尾鳍形状

1.1.5 体色

每种鱼类的身体各部分都有着一定的颜色，一般来说背部颜色较深，腹部颜色较浅，这是它们对于水生生活的适应特点，可以迷惑来自上方和下方的天敌。鱼类身体的颜色包括色素色和结构色两类：色素色来源于特定颜色的色素，它们一般都位于皮肤和鳞片中的色素细胞内，主要由黄色和黑色这两类色素混合出不同的色彩；而结构色主要来源于皮肤和鳞片中的虹彩细胞，这类细胞内含有鸟嘌呤类物质，鸟嘌呤晶体的形态和排列方式不同，反射出来的色彩也不同，如银色、虹彩色等。

1.2 硬骨鱼的内部结构

1.2.1 鳃、内脏和腹腔内壁

大多数鱼类，在烹饪之前都需要解剖，这时可以观察到鳃、内脏和腹腔内壁。

硬骨鱼的头部有6对鳃弓，其中，第一对演变成了下颌；第二对至第五对负责呼吸，上面布满鳃丝，一般是暗红色，内部布满细微的血管，可以在血液和水环境之间发生气体交换；第六对一般不用于呼吸，形态多样，如鲤鱼、草鱼等种类，就特化成了咽喉齿。掀开头部两侧的鳃盖后，能够看到的红色部分就是第二对至第五对鳃弓。鱼鳃的食用价值很低，一般都会被去除。

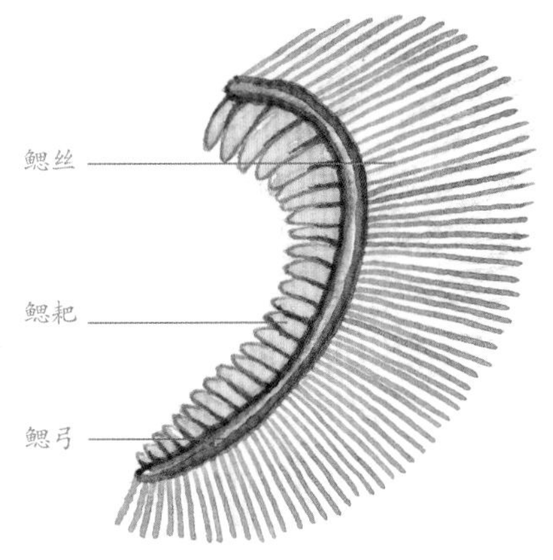

硬骨鱼鳃弓结构示意图

硬骨鱼的内脏主要包括食道、胃、肠、鳔、心脏、肾、脾、胆、肝胰腺、生殖腺和肛门等器官，日常解剖观察时，常常难以区分，可以参照下图辨认：

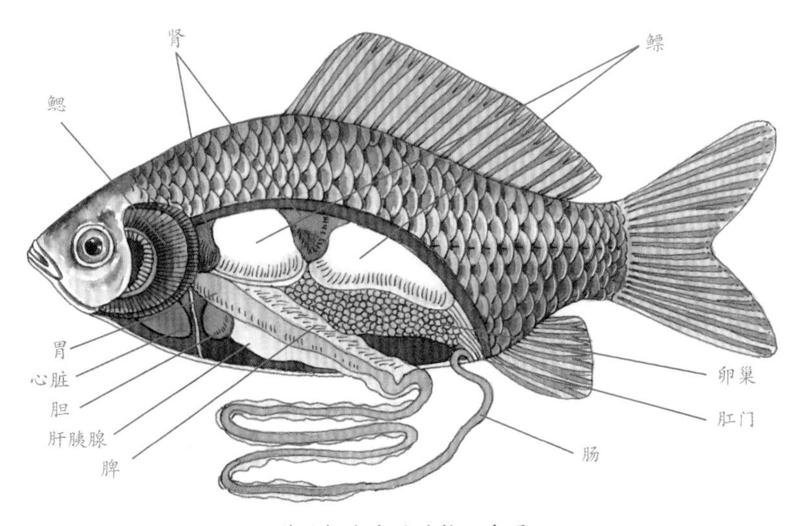

雌性鲫鱼内脏结构示意图

最容易观察到的器官是鳔和雌性生殖腺。鳔是一个位于消化道背面的白色薄囊，其中充满气体，作用是帮助鱼在水中调节浮沉和维持位置。雄鱼的生殖腺是精巢，俗称鱼白；雌鱼的生殖腺是卵巢，俗称鱼子。大多数硬骨鱼都是体外受精，一次产卵量很大，所以成熟雌鱼腹中的卵巢也占很大体积。另外，还有一个值得一提的器官是胆，鱼胆的体积不大，其中含有苦味的胆汁，剖鱼时如果不小心划破胆，胆汁流出，往往会让鱼肉也染上苦味。许多常见鱼类的胆汁有毒，如鲤鱼、鲫鱼、青鱼、草鱼、鲢鱼、鳙鱼等，其中的毒素是鲤醇硫酸酯钠，即便加热过后，毒性依然不会被破坏，人误食可能会中毒甚至死亡。

去除掉内脏后，我们可以看到，鱼的腹腔内壁上有一层薄膜，它的名字叫腹膜脏层。不同种类的鱼，腹膜脏层的颜色也不一样，有些是白色的，有些是银色的，也有些是黑色的。常有人误以为腹膜脏层黑色代表鱼受到了污染，其实不然，这只是正常的色素沉积现象。

1.2.2 骨骼和骨骼肌

我们在把鱼解剖完毕，去掉内脏之后，一般就要开始烹饪了，烹熟之后，可以比较清晰地观察到它们的骨骼和肌肉。

硬骨鱼的骨骼

硬骨鱼体内的骨骼系统主要由主轴骨骼和附肢骨骼两部分组成。主轴骨骼的主要部分包括头骨、脊柱、肋骨。

硬骨鱼的头骨两侧有鳃盖骨，可以保护鳃部。不同种类的鱼，头骨的特点也相差很大，比如有些肉食性的鱼，在上颌骨和下颌骨上都长有尖锐的牙齿，而青鱼以螺蛳为食，咽喉的位置具有厚重的咽喉齿，打磨后甚至可以做装饰品。大黄鱼、小黄鱼等石首鱼类的头颅内部有发达的耳石，帮助它们在水中保持平衡。头骨的这些结构，在吃鱼的时候可以拆解开来仔细观察。

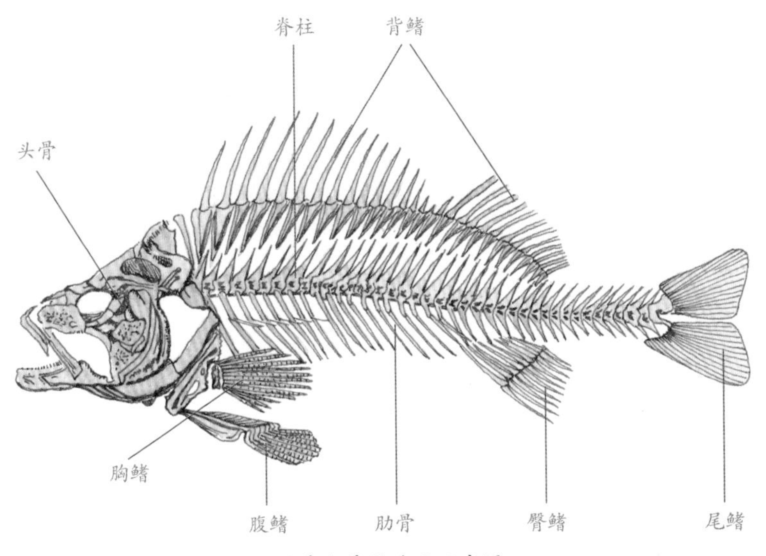

硬骨鱼骨骼系统示意图

硬骨鱼的脊柱和我们人类一样，都是由许多椎体连接而成，只不过它们的椎体是双凹形，也就是每一块椎体的前后两端都向内凹，这是和哺乳动物不同的特点。硬骨鱼的肋骨一般连接在脊柱前段的椎体左右两侧，呈弧形，起到支撑体腔和内脏器官的作用，也就是俗称的“大刺”。鲤鱼、鲫鱼、草鱼、青鱼、鲢鱼、鳙鱼等种类的鱼，在椎骨两侧的肌间隔中，往往还有许多分叉或不分叉的“小刺”，经常给吃鱼的人带来困扰，这种小刺叫作肌间刺或者肌间骨，是比较原始的演化特征，多见于鲤形目、鲱形目、鳗鲡目等类群，作用可能是支撑肌肉，辅助运动。

硬骨鱼的附肢骨骼包括肩带和腰带。肩带指胸鳍内部的骨骼，可以带动胸鳍运动，相当于人类的上肢骨。硬骨鱼的肩带由数块骨骼构成，不发达，位置很靠前，和头骨相连，这在脊椎动物中是一个原始而独特的特征，两栖类、爬行类、鸟类和哺乳类动物的肩带都和头骨不直接相连，这样可以加强前肢的活动性，也能让头部灵活转动，鱼类就做不到这两点。硬骨鱼的腰带对应人类的下肢骨，也不发达，不与脊柱直接相连，活动性一般较差。

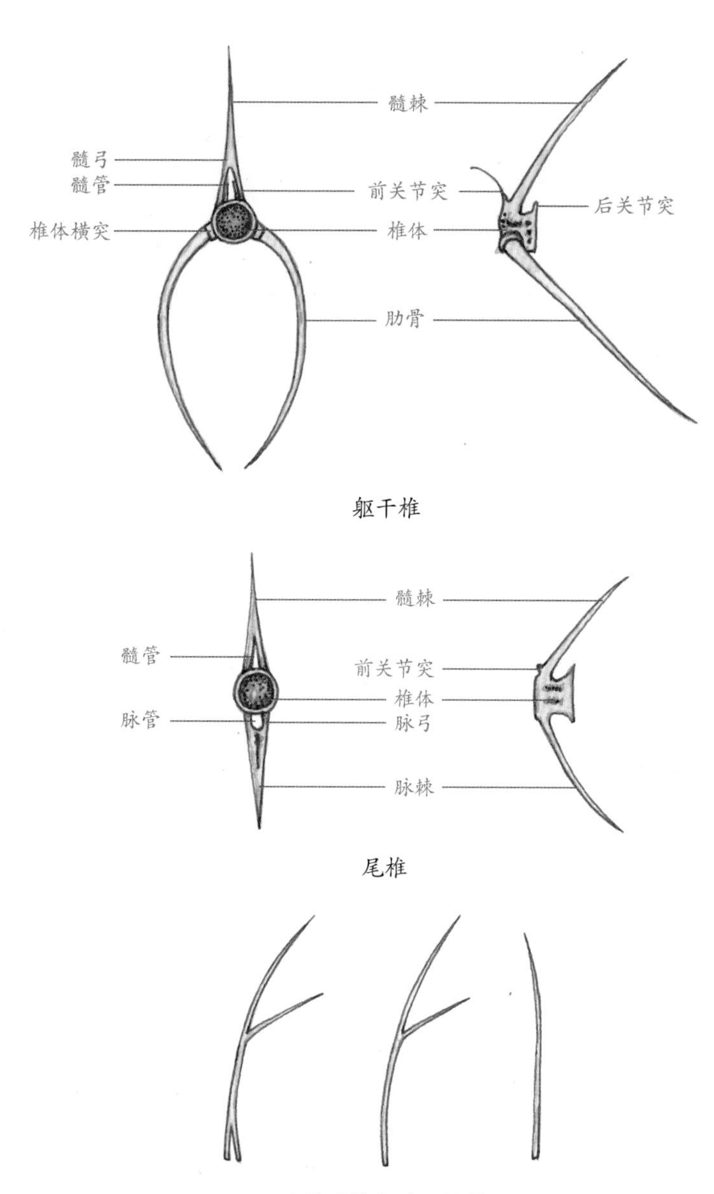

躯干椎

尾椎

几种硬骨鱼的肌间骨

硬骨鱼的骨骼肌

硬骨鱼的骨骼肌按位置可以分为头肌和躯干肌两部分。头肌附着在头部骨骼上，负责眼睛、鳃盖、口咽、鳃弓等头部结构的活动。躯干肌包括体壁肌、鳍肌、鳃下肌三部分，其中体壁肌中的大侧肌最容易观察到，它由许多肌节组成，数量一般与脊柱的椎体数量相等，从前往后顺次排列，从侧面看上去像是一排横过来的“W”。硬骨鱼脊柱的两侧会延伸出水平的隔膜，把体侧的大侧肌分成上下两部分，也就是“W”形的两个“V”，其中，背部一侧的称为轴上肌，腹部一侧的称为轴下肌。北京民间说鳜鱼、大黄鱼、小黄鱼有“蒜瓣肉”，其实指的就是它们的轴上肌。

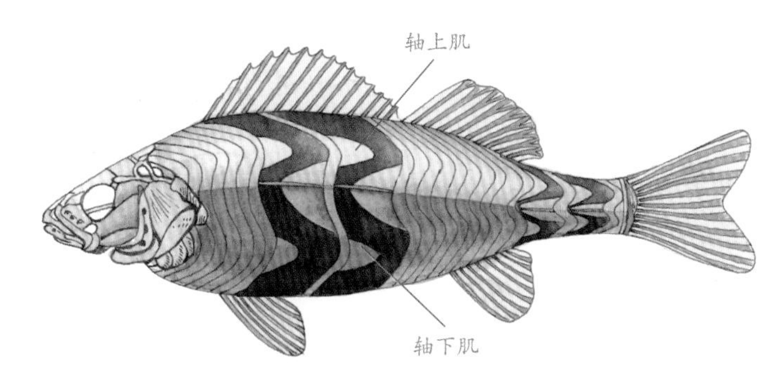

硬骨鱼骨骼肌结构示意图

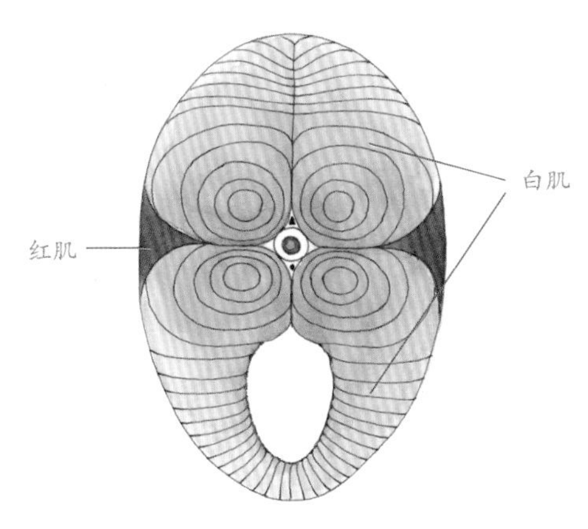

硬骨鱼躯干骨骼肌横切示意图

如果根据肌肉的组成和结构来区分，硬骨鱼的骨骼肌又可以分成白肌和红肌两类，不管是生鱼还是烹熟的鱼，横切或者去掉皮肤后都可以观察到。大侧肌就属于白肌，它几乎不含肌红蛋白，颜色发白，收缩迅速，爆发力强，但是容易疲劳，黑鱼、比目鱼等伏击捕猎的种类，体内白肌发达。红肌主要位于轴上肌和轴下肌之间的隔膜位置，富含肌红蛋白，颜色发红，适于缓慢而持续的发力，金枪鱼等擅长长距离游泳的种类，红肌一般都比较发达。

像金枪鱼这种骨骼肌中肌红蛋白丰富的硬骨鱼，在餐饮界被称为红肉鱼，而那些骨骼肌中肌红蛋白含量不多的鱼，被称为白肉鱼。红肉鱼的肉在生的时候呈红色，加热烹熟后会变成灰色，类似于熟牛羊肉的颜色，这是因为肌红蛋白加热以后变色了。白肉鱼的肉不管生熟，都是白色。值得一提的是鲑鱼这一类，如三文鱼、大麻哈鱼等，它们的肉虽然看上去是橙红色，但这并非肌红蛋白的颜色，而是从食物中摄取的虾青素的颜色，它们的肉里肌红蛋白不多，但依然属于红肉鱼。

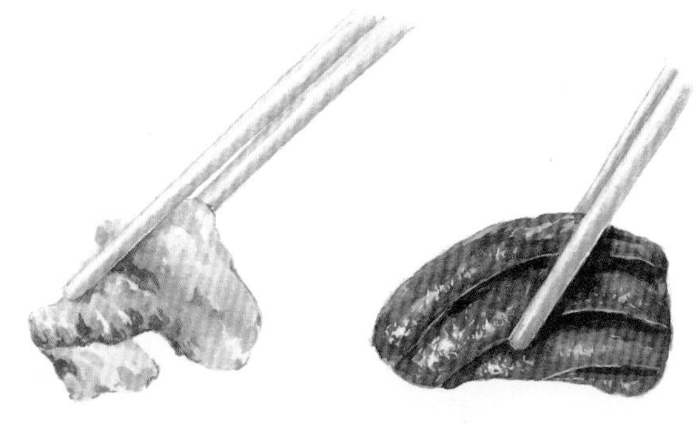

白肌烹熟后呈白色　　红肌生时为红色

2 牛蛙的结构

牛蛙为两栖动物，卵产在水中，外面没有卵壳，有变态发育过程。它的幼体为蝌蚪，生活在水中，用鳃呼吸，没有四肢。成体生活在水中和水边的潮湿地带，可以登上陆地，用肺和皮肤呼吸，有四肢，后肢尤其发达，身体结构如下图所示：

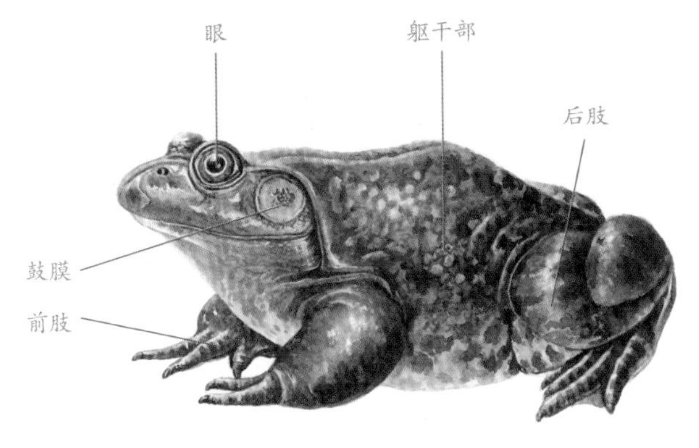

牛蛙的外观

3 中华鳖的结构

中华鳖为爬行动物，卵的外面有硬质的壳，不需要依赖水环境即可孵化，没有变态发育过程，虽然主要生活在水中，但是在干旱环境中也能存活。它的身体结构如下图所示：

鳖的外观

4 虾和蟹的结构

北京市场上能够见到许多种虾和蟹，它们都属于节肢动物门的软甲纲，虽然外观看上去区别比较大，但都有着类似的身体结构。

4.1 虾的外观

虾的身体由21个体节构成，其中一至十四节愈合成一个整体，称为头胸部，俗称“虾头”，背面覆盖有一整个甲壳，称为头胸甲或头胸背甲，头胸甲的前端有一个剑状凸起，称为额剑。十五至二十节每一节外面覆盖有一个甲壳，合称为腹部，最后一节称为尾节。虾和蟹的甲壳质地比较坚硬，其主要成分是几丁质，也叫壳多糖，是一种多糖类物质，和贝类的碳酸钙质外壳成分不一样。

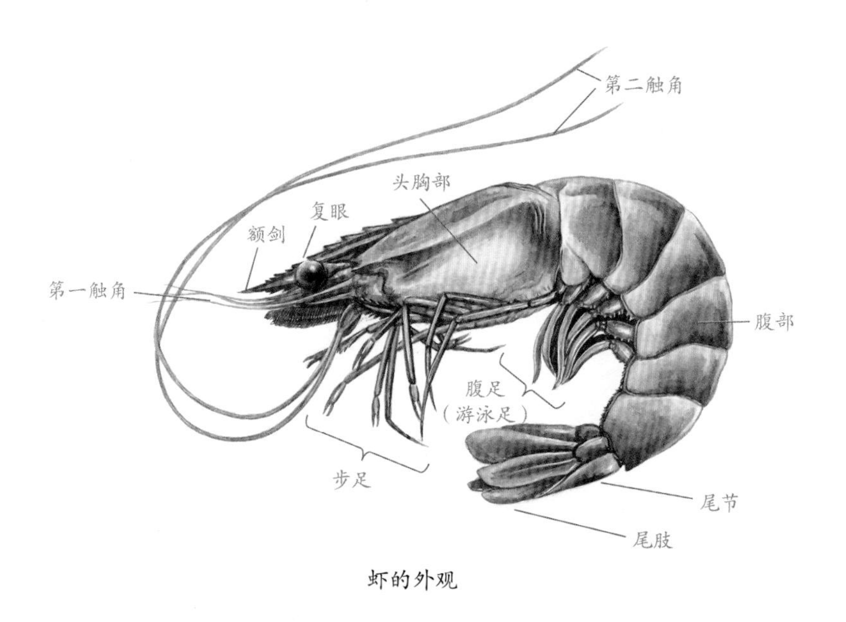

虾的外观

除了第一体节外，虾的每个体节上，都有一对附肢。第一体节无附肢，生长着一对柄状眼睛。每一个附肢又有内肢和外肢两部分，但是在不同的附肢中，内、外肢的形态也相差很大。

在虾的头胸部中，头部的附肢共有5对，分别为第一触角、第二触角、大颚、第一小颚和第二小颚。其中，第一触角又称小触角，具有两根细长的触鞭，主要负责嗅觉、触觉等功能；第二触角又称大触角，具有一个片状外肢和一个长鞭状内肢，一般俗称的“虾须”指的就是这两对触角；大颚和两对小颚，共同起到了咀嚼和吞咽食物的功能。

虾胸部的附肢共有8对，包括3对颚足和5对步足，每个附肢的基部都有鳃，是虾的呼吸器官。颚足比较短小，负责协助大颚、小颚摄取食物，它们共同构成虾的口器。步足主要用于在水底行走，形状细长，分为5节，有些种类的前两对步足末端形成钳状，也可称为螯足。虾、蟹在分类学上都属于十足目，指的就是这5对步足。

观察虾头胸部附肢的时候，可以从后往前按顺序一对对地摘除，在纸上码放整齐，这样比较容易观察清楚。

虾的腹部有6对附肢，其中前5对形状类似，扁平似桨，称为腹足，主要负责在水中游泳，也称游泳足。最后一对称为尾肢，内、外肢都扁平而宽大，和尾节背甲一起组成尾扇。大部分种类的虾产卵后，雌虾也是用腹足抱卵，待其孵化。

4.2 虾的内部结构

剥开虾的甲壳后，就可以看到它的内部结构，具体结构可参照下图，其中有几个器官比较容易观察到。头胸部两侧白色的筛状物是鳃，用来呼吸。褐色或黄色的部分叫作肝胰腺，俗称“虾黄”，作用是分泌消化酶和储存养分等，雌、雄生殖腺也在这个区域，有人说它们是虾的粪便，这不准确。虾的消化道前段包括食道、贲门胃、幽门胃，经常被肝胰腺所遮盖，难以观察，不过可以从腹部的肠道“顺藤摸瓜”地找到。

虾腹部的器官中，比较容易观察到的就是肠道，它前端和幽门胃相连，后端在最后一个体节腹面开口。虾的肠道中经常会积存食物残渣，呈灰黑色或者黑绿色，就是俗称的“虾线”，许多人在烹饪前会把它挑掉。

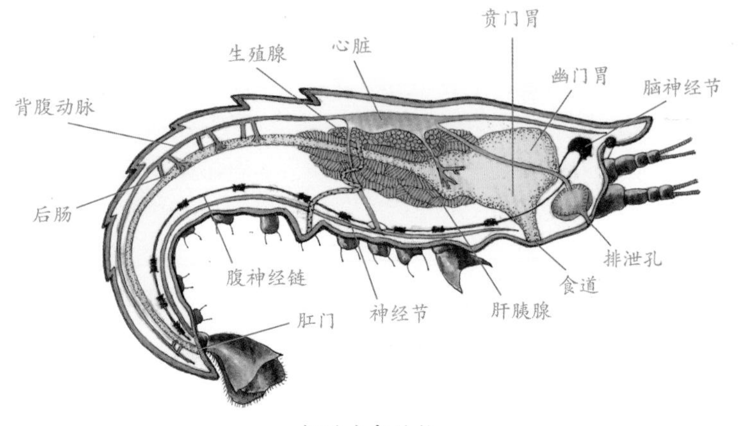

虾的内部结构

4.3 蟹的外观

蟹与虾同属于十足目，身体结构类似，但外观有很大区别。蟹的头胸部体节愈合成一个整体，头胸背甲十分发达，就是俗称的“蟹壳”。蟹的腹部也有6节，有些种类的雌蟹在最末端具有一个形状很像体节的凸起结构，但是因为上面没有附肢，所以并不算真正的体节。大部分种类的蟹，在幼体时期不管雌雄，腹部都是窄长形的，成年后雄蟹腹部依然窄长，俗称“尖脐”，雌蟹变得宽大，适于抱卵，称为“团脐”。不过也有一些种类的蟹，雌雄性腹部的宽窄都差不多。

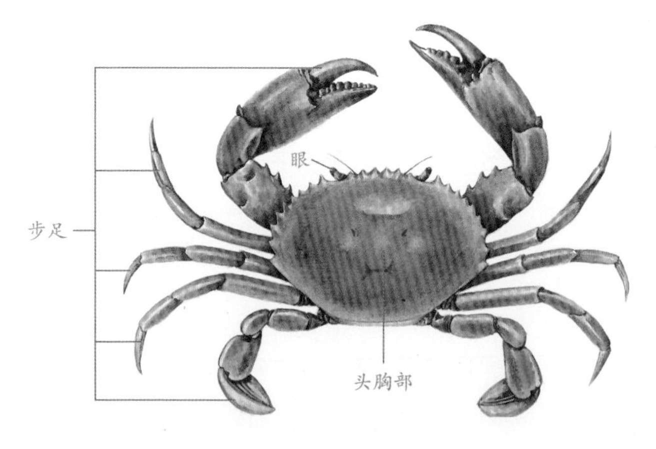

蟹的外观

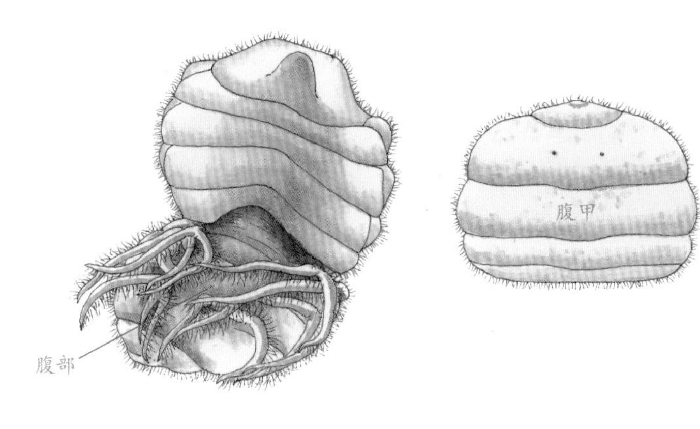

雌蟹腹部示意图

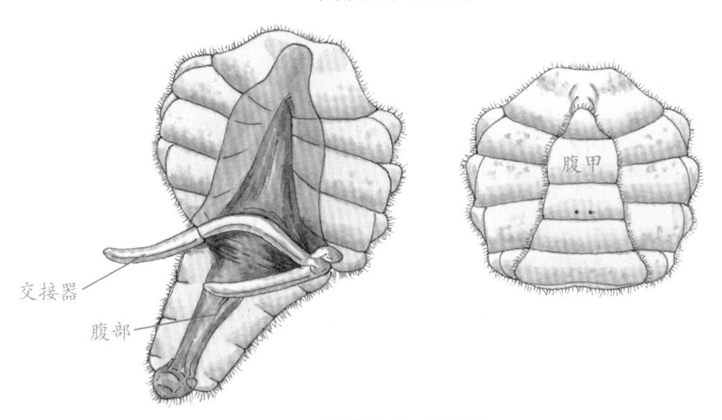

雄蟹腹部示意图

蟹的附肢数量和名称也与虾相同。头部5对附肢分别为第一触角、第二触角、大颚、第一小颚和第二小颚，胸部前3对附肢为颚足，不过5对步足形态相差较大。第一对步足呈钳状，称为螯足，俗称“蟹钳”，一般都强壮而发达，有捕食、挖洞和防御的功能，有些种类的左右螯足大小不一样。有些种类，如中华绒螯蟹，后4对步足外形基本一致，负责行走。也有些种类，如三疣梭子蟹，最后一对步足扁平如扇，用于在水中游泳，称为游泳足,《荀子》所说的“蟹六跪而二螯”中的“六跪”，可能指的就是海蟹除去游泳足外的6条步足。

蟹的腹部折叠藏在头胸部下方，腹足也隐藏在内，不太发达。大部分种类的雄蟹仅有前两对腹足，形成交接器，在交配时起作用，而雌蟹的第二对至第五对腹足对发育起到抱卵作用。

4.4 蟹的内部结构

蟹的体内器官结构也与虾类似。去掉头胸甲后，身体两侧的白色方柱状结构是它的鳃，用于呼吸。在繁殖季节，蟹的体内一般还有发达的生殖腺，雄蟹的生殖腺俗称“蟹膏”，主要的结构是精巢和副性腺，雌蟹的生殖腺俗称“蟹黄”，主要的结构是卵巢。除了生殖腺外，蟹的体内还能看到一种质地比较松散的黄色组织，烹熟后经常变成黏稠液态，这是它的肝胰腺。

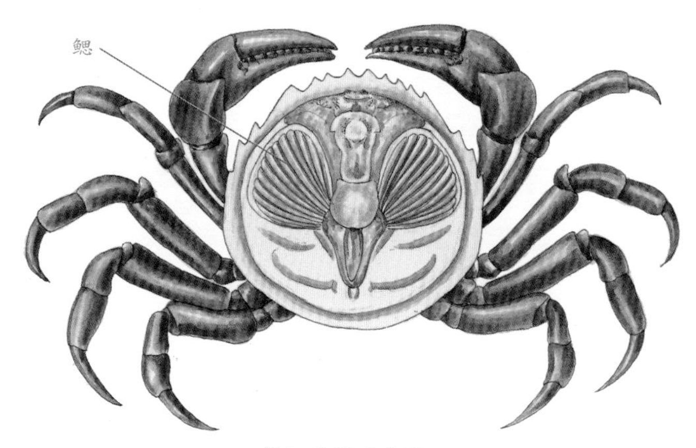

蟹鳃位置示意图

4.5 虾和蟹的体色

虾和蟹的外壳不管活着的时候是什么颜色，烹熟以后大部分区域一般都会变成红色，这是因为它们的壳中含有一种名为虾青素的物质。在加热前，虾青素与蛋白质结合成复合物，这种复合物的名字叫甲壳蓝蛋白，是青蓝色的。加热之后，甲壳蓝蛋白中的蛋白质结构被破坏，把游离的虾青素释放了出来，而虾青素是一种橘红色的物质，使虾、蟹的外壳呈现出红色。能够破坏蛋白质结构的外界因素还有许多，如酒精等，它们大多都能使虾、蟹的壳变红。

5 软体动物的结构

软体动物的身体柔软，表面有一层外套膜，许多种类的体外或体内都有壳，壳的主要成分是碳酸钙，内层光滑，有时会形成珍珠。北京市场上常见的软体动物有三大类群：腹足纲、双壳纲和头足纲，它们的身体结构有许多共同之处，但也有不少区别。

5.1 腹足纲的结构

腹足纲的种类，一般俗称“螺”，生活在海水、淡水和陆地上。北京市场常见的种类是海水和淡水种类，它们拥有一个螺旋形的壳，不同种类的螺壳形状、颜色都会有差别，壳口处一般都有口盖，也称厣，具体的螺壳结构见下图。绝大多数种类的螺壳都是右旋，也就是从螺顶往下看时，螺旋的方向是顺时针，少数种类为左旋，还有一些同时存在左旋和右旋两种情况。

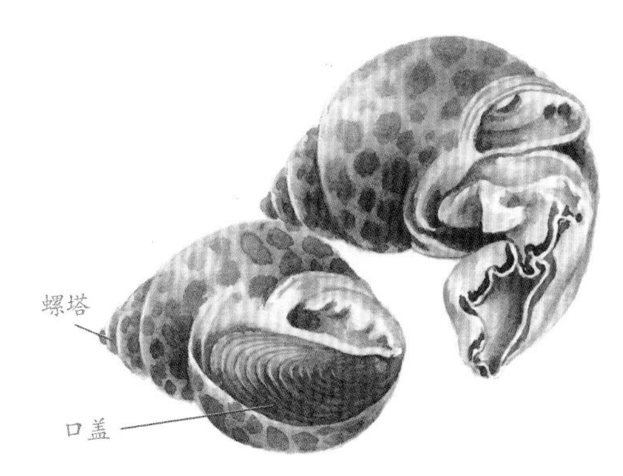

腹足纲结构示意图

腹足纲具有明显的头部，头的后边有宽大而肥厚的足，即腹足，这是它们的运动器官，也是主要的可食用部位。大部分有外壳的种类在生活状态时，都只会把头部和腹足伸出壳口，遇到危险时缩回，内脏团的部分扭转成螺旋形，藏在壳内，不会露出来。

5.2 双壳纲的结构

双壳纲在海水、淡水中都有，没有陆生种类，北京市场常见的均为海产，淡水的河蚌等种类虽然北京本地也出产，但是少有人吃。双壳纲拥有两片可以开闭的贝壳，故而得名。不同种类的双壳贝类，贝壳的大小、形状、颜色、花纹以及表面的环状生长纹等特点也不相同，这是它们最主要的鉴别依据。有些种类的两片贝壳形态相同，也有些种类的两片贝壳长得不太一样。

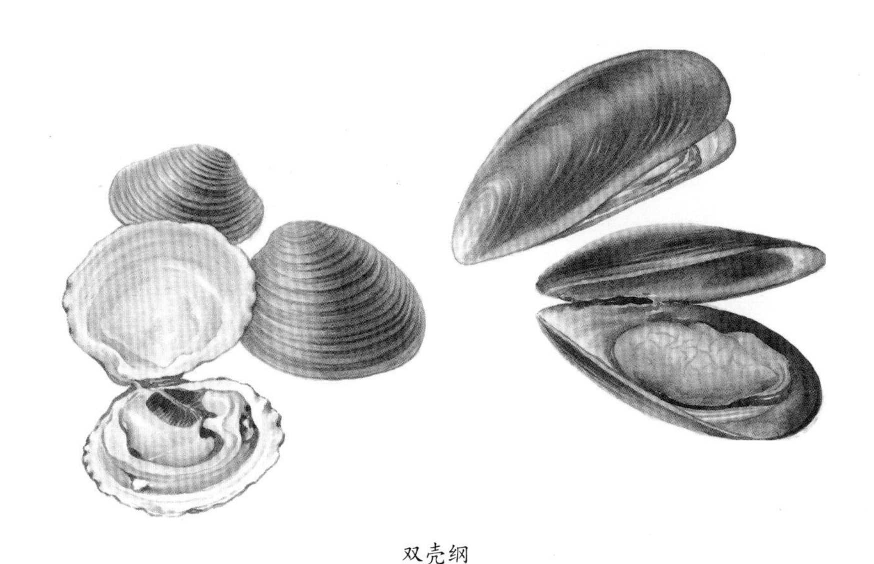

双壳纲

双壳纲的头部不明显，足呈斧状，所以也叫斧足纲，又因为身体两侧具有瓣状的鳃，所以也叫瓣鳃纲。双壳纲的一大显著特征就是贝壳能开闭，这是因为壳内身体前后各有一个闭壳肌，也有些种类只有一个闭壳肌，另一个退化了。正常情况下，两片贝壳连接处的铰链结构会让它们张开，闭壳肌的两端附着在贝壳上，收缩时就会让贝壳闭合。也就是说，双壳贝类只有在活着的时候，才能通过控制闭壳肌收缩使得贝壳关闭，一旦死亡，贝壳就会因为失去控制而张开，这个特点在烹饪时可以观察到。与腹足类主要可食用部位是腹足不同，双壳类的主要可食用部位随具体的种类不同而变化，有些种类主要吃闭壳肌，如扇贝等，也有一些主要吃斧足，如文蛤，还有一些主要吃生殖腺，如牡蛎。

5.3 头足纲的结构

头足纲全部都是海产，现存的种类包括鹦鹉螺亚纲和鞘亚纲，其中，鹦鹉螺亚纲的种类是国家重点保护野生动物，不能捕食，鞘亚纲的各种章鱼、乌贼、鱿鱼在北京市场比较常见。

头足纲的身体分为头、环口附肢、躯干三部分，头上有一对发达的眼睛，环口附肢长在头上，故而得名。不同种类的环口附肢数量也不相同，八腕总目的章鱼拥有8条腕，而十腕总目的乌贼和鱿鱼拥有8条腕和2条触腕。腕上大多都有成排的吸盘，有些种类的吸盘上还有钩刺。在腕基部中央，可以看到坚硬的角质喙，形似鹦鹉喙。在头部的腹面，还有一个漏斗，用于喷水，有些种类在海中就依靠喷水来快速运动。

十腕总目有8条较短的腕和2条较长的触腕

八腕总目有8条腕

头足纲的躯干柔软，乌贼和鱿鱼的躯干外生有肉鳍，不同的种类肉鳍形状也不相同，可作为鉴别依据，章鱼一般没有肉鳍。头足纲的体表具有一种色素细胞，它们在活着的时候，大多可以通过神经来控制细胞形态，使得体色发生变化，死后就失去了这种能力。头足纲的壳退化了，藏在躯干内部，从体外无法观察到，一般为板状或片状，不同的种类，内壳的形态也会有差别。许多头足纲动物的体内都有墨囊，遇到危险时会喷出黑色的液体，迷惑捕食者，这种“墨”的颜色不稳定，虽然可以用来写字，但是过不了多久就会褪色。

6 棘皮动物的结构

棘皮动物都生活在海水中，有变态发育过程，幼体和成体外观区别很大，幼体的身体两侧对称，而成体都是辐射对称，一般都有5个对称轴。北京市场上能够看到的类群是海参和海胆，不管是活体还是加工产品，均来自成体。棘皮动物的体壁具有石灰质的内骨骼，内骨骼会形成棘、刺等结构，凸出于体外，使得体表粗糙不平，所以叫棘皮动物。不同类群的内骨骼形态也不相同，如海参的内骨骼是微小的骨片，需要在显微镜下才能看清形态，但是入口咀嚼时能够感觉到它所带来的沙砾感，而海胆的内骨骼是坚硬厚实的骨板，将躯体完全包裹。海胆的身体结构如下图所示：

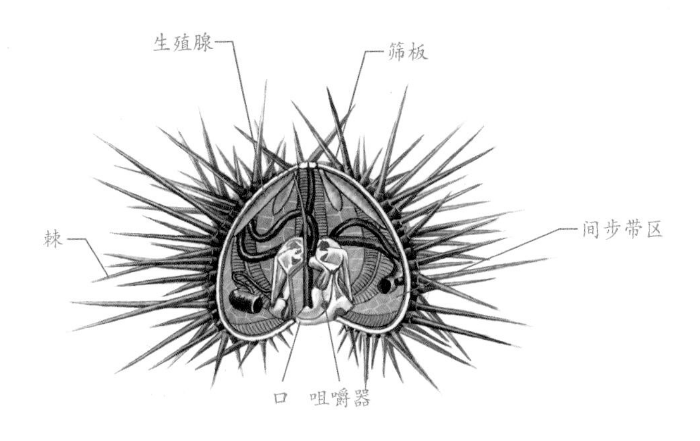

海胆结构示意图

7 海蜇的结构

海蜇属于刺胞动物，身体由伞部和口腕部两部分组成，结构比较简单，如下图所示：

海蜇结构示意图

关于物种和学名

在阅读本书时，或在查阅其他一些资料文献时，经常会看到这样几个常见的词汇：中文正式名、别名、拉丁学名、物种、亚种。下面对这些词汇进行简单的解释和说明。

1 学名和俗名

根据《国际动物命名法规》规定，一个独立的物种，有且仅有一个“学名”，这个名称是全世界通用的，命名原则遵守二名法，即学名由两个拉丁词组成。比如，鲫鱼的学名是*Carassius auratus*，在印刷时学名通常用斜体。两个拉丁词中，前一个是属名，后一个是种小名，属名首字母大写。

除了唯一的拉丁学名之外，其他用任何语言描述的名字，无论它的应用多么广泛，都不能叫作学名，只能叫俗名或别名，如鲫鱼、鲫瓜子等。

2 物种和亚种

究竟什么是一个合格的“物种”，这是个非常复杂的问题，相关的科学家直到如今依然为此展开很多研究和讨论。简单来说，物种的概念可以这样说：一个独立演化的集合种群世代，或者这个世代的一部分。

具体到判断一个物种时，在不同时代、持有不同观点的科学家，主要的关注点和参照的依据有时也有不同。比如有人认为两个物种之间，要有可以观察到的形态差异，而有人认为，不同的动物物种之间，不能产生杂交后代，还有人认为，物种应该有地域上或生境上的彼此隔离，近年来也有越来越多的人认为，不同物种之间要有分子方面的差异作为判断依据。这些证据往往并不是独立的，而是要彼此结合起来，综合判断。

由于动物的种类众多，目前关于分类系统的研究还在进行当中，许多物种的分类地位都在不断变化。本书关于鱼类的部分，主要参照的是2017年发表的《硬骨鱼支序分类法》，在这个分类系统里，一些类群的目尚未确定，故而暂且沿用旧分类系统的名称。

除了物种之外，本书中有时也出现了亚种这一说法，它是比物种的等级要低的分类单位。

亚种指的是在同一动物物种中，不同的一些群体可能具有形态上的差别，同时在地理分布和生态等方面的特点有明显不同，这些具有差异的群体，被划分为同一物种下的不同亚种。动物亚种的学名在书写时应用三名法，就是把亚种的名字直接写在种小名后面，字体与属名、种小名相同，如银鲫的学名为*Carassius auratus gibelio*。

3 杂交品种

许多不同种动物之间可以发生杂交，生下来的后代就叫杂交品种或杂交种，如果发生杂交的两个物种是同一个属，那么属名只需要写一个，种小名部分是把两个亲本的种小名写在一起，中间加一个叉号（×），如珍珠龙趸的学名写作*Epinephelus fuscoguttatus* × *lanceolatus*。如果两个亲本并非同属，那么杂交后代的学名就是两个亲本的学名写在一起，中间加一个叉号（×），如驼背鲈和鞍带石斑鱼的杂交后代鼠龙斑，学名就写作*Cromileptes altivelis* × *Epinephelus lanceolatus*。也有较新的观点认为驼背鲈和鞍带石斑鱼应该算作同一个属，如果在学界达成共识，完成了分类地位的归并，那么鼠龙斑的学名就会改成*Epinephelus altivelis* × *lanceolatus*。

如果泛指一个分类类群中的多个物种时，那么学名的书写方法就是在这个类群的拉丁名后面加正体的spp.。比如我们平时说的文蛤，是文蛤属中几个物种的统称，学名就可以写作*Meretrix* spp.。

观察水产时的注意事项

北京市场上的水产，有些是鲜活的，有些是冷冻或冰鲜的，还有一些是分割、包装好的成品，在观察时，有一些注意事项。

1 注意卫生

水生动物的生活环境，不管是淡水还是海水，都有许多微生物，其中有不少能引起人类的疾病，其中不乏海洋弧菌这种能危及生命的种类，所以在观察前，要注意对水产浸泡清洗，观察过后也要洗手消毒。另外，在观察过程中一定要小心谨慎，避免被骨刺、贝壳、刀具划伤，一旦划伤，应当尽快用碘伏、医用酒精等消毒，并及时就医。

2 注意避免浪费

水产的本来用途是食用，如果为了观察而浪费太多，就不可取了，所以观察时应该注意避免浪费，如小体形的鱼、虾、贝类，挑选一个外观比较完整的个体观察即可。有些外形和结构特点，如骨骼和肌肉的结构，可以等到烹熟食用的时候顺便观察，不必在生的时候就切割散碎，造成浪费。

3 注意一些水产的毒性

有一些水产的身体上有带毒的部分，如鲤鱼、草鱼、青鱼等鲤形目鱼类的胆，日本鳗鲡的血液以及一些螺类的内脏团等，误食后会中毒，在观察过程中，应当谨慎处理这些部位，尽量不要让它们污染到可食用部位。

北京常见的海鲜和河鲜

匙吻鲟

拉丁学名： *Polyodon spathula*

别名： 长吻鲟、鸭嘴鲟

分类类群： 硬骨鱼纲 鲟形目 匙吻鲟科

形态特征： 全长1～2米，体延长，呈梭形，前部平扁，后部稍侧扁，背部灰褐色，腹部灰白色；头长占体长一半以上，吻长而扁平，口下位；尾鳍歪型。

原产地环境： 淡水中下层

匙吻鲟原产于北美，主要生活在淡水河流中，全长可达2米，和中国长江的白鲟是近亲，两者的区别是：匙吻鲟的吻部前端扁平似鸭嘴，白鲟的吻部前端尖锐似剑；匙吻鲟为滤食性鱼类，主要以浮游生物和水生昆虫为食，而白鲟为凶猛的捕食者。2020年初，白鲟被宣布灭绝，很多新闻媒体在配插图时，都错误地用了匙吻鲟的照片。匙吻鲟在原产地还有野生种群，并且也有了成熟的人工养殖和繁育技术，可以供应市场，但在我国的接受度还不太高，一般的烹饪方法是清蒸或者红烧。

杂交鲟鱼

拉丁学名： Acipenseriformes spp.

别名： 鲟龙鱼、中华鲟

分类类群： 硬骨鱼纲 鲟形目

形态特征： 全长60～100厘米，体延长，一般呈梭形，躯干部横断面近五角形，体侧有5行骨板；口下位，吻尖；尾鳍歪型。

原产地环境： 淡水中下层

杂交鲟鱼在北京市场上有时会被冠以“中华鲟”的名头售卖，其实这都不是中华鲟，真正的中华鲟为国家一级重点保护野生动物，不可捕捞食用。市面上常见的杂交鲟鱼品种有大杂（施氏鲟和达氏鳇杂交）、小杂（小体鲟和施氏鲟杂交）、西杂（西伯利亚鲟和施氏鲟杂交）、俄杂（俄罗斯鲟和西伯利亚鲟杂交）、鸭杂（匙吻鲟和俄罗斯鲟杂交）等。北京怀柔等地的山区农家乐也有引山泉养殖的杂交鲟鱼供游客食用。鲟鱼虽然属于硬骨鱼类，但骨骼系统骨化不完全，大部分呈软骨状，肌肉间没有小刺，脊柱中央有一条圆柱状的脊索，质地柔韧而有弹性且可以食用，餐饮业一般称之为“鲟鱼龙筋”。

日本鳗鲡

拉丁学名： *Anguilla japonica*

别名： 鳗鱼、白鳝

分类类群： 硬骨鱼纲 鳗鲡目 鳗鲡科

形态特征： 全长40～100厘米，体细长，呈圆柱形，尾部略侧扁，背部黑褐色，腹部白色；口端位，下颌长于上颌；背鳍、臀鳍与尾鳍连为一体。

原产地环境： 幼鱼生活在海中；成鱼生活在淡水河流，繁殖期洄游到深海产卵

日本鳗鲡也叫鳗鱼、白鳝，清代《京尘杂录》中记载的“京师最重白鳝，一头值数缗”，这里的“白鳝”指的就是日本鳗鲡。成鱼在太平洋特定地域的深海中产卵，幼体出生后呈透明的柳叶状，叫作柳叶鳗，柳叶鳗之后洄游到河流入海口，身体慢慢变成线形，称为线鳗，线鳗最终会游进淡水长大，性成熟后再游向海洋繁殖。

日本鳗鲡在北京曾是较常见的淡水鱼，但是20世纪中期，北京的几条通海河流上开始大兴水利，修建闸坝，阻断了日本鳗鲡的洄游路径，使其最终消失，如今北京已无野生种群。市售的日本鳗鲡个体均为捕捞野生鳗苗后人工喂大的，虽然名为养殖，但依然在极大消耗野生资源。目前，日本鳗鲡的受威胁程度已被国际自然保护联盟列为濒危级别，完全人工养殖技术虽已经实验成功，但生产成本非常高，尚未进入市场。北京餐馆里，有时所谓“鳗鱼”，原材料并不是日本鳗鲡或其他鳗鲡，而是康吉鳗科的星康吉鳗（*Conger myriaster*），二者外观上的最主要区别是：日本鳗鲡下颌长于上颌，而星康吉鳗的上颌长于下颌；另外，星康吉鳗身体侧面有一连串星状斑点，所以也叫星鳗，而日本鳗鲡没有这串星斑。

鲤鱼

拉丁学名：*Cyprinus carpio*

别名：拐子、红鱼

分类类群：硬骨鱼纲 鲤形目 鲤科

形态特征：全长30～60厘米，体延长而侧扁，一般呈纺锤形，背部略隆起，暗灰色或红色，腹部银白色；口下位，有两对须；尾鳍叉形，常带淡红色。

原产地环境：淡水中下层

鲤鱼曾是北京人最常食用的鲜活鱼类，过去北京水系发达，河流众多，也出产鲤鱼，档次最高的是潮白河、温榆河等地的“金翅鲤鱼”，颐和园昆明湖也有“昆明金鲤”，曾经在市场上，每个水产活鱼摊位主要卖的就是鲤鱼。

北京老字号“致美斋饭庄”过去的传统名菜“四做鱼”选用的主料之一就是活鲤鱼，包括“红烧鱼头”“糟熘鱼片”“酱汁尾段”“烩鱼胗”4道菜。鲤鱼的土腥味较重，肉厚不易进味，家庭烹调多以浇汁鱼、糖醋鲤鱼等重口味手法应对。近年来因物流发达，食用鱼种类增多，鲤鱼已经乏人问津了。

鲤鱼有一些鳞片较为稀少的品种，比如镜鲤，它的鳞片在背部有一列大鳞片，腹部两侧各有一列，在我国东北地区俗称“三道

鳞”，当地食用较多，但北京人不太接受。还有革鲤，它的鳞片仅在背部有一列，有些甚至全身无鳞，露出光滑的皮肤。镜鲤、革鲤与普通鲤鱼杂交的后代中，鳞片的形状和排列位置往往会比较纷乱，不太美观。此外，鲤鱼有一些颜色各异的观赏品种，称作锦鲤，在北京许多公园、小区的池塘中都能看到。

镜鲤

池塘中的锦鲤

鲫鱼

拉丁学名：*Carassius auratus*

别名：鲫瓜子

分类类群：硬骨鱼纲 鲤形目 鲤科

形态特征：全长5～25厘米，体侧扁而高，背部略隆起，暗灰色，腹部银白色；口端位；尾鳍叉形。

原产地环境：淡水中下层

鲫鱼是北京常见的原生淡水鱼，清代王士禛曾有诗云“京师最重滦河鲫”。旧时冷荤商贩所售卖的熏鱼，很多也都是用鲫鱼做的。很长一段时间以来，鲫鱼和鲤鱼一起占据北京鲜活鱼市场的前两名，鲤鱼现在不太受欢迎了，但鲫鱼仍然购买者甚多。鲫鱼虽然没什么肉，但可以用来熬汤，味道鲜美，缺点是肌间刺极多，北京传统菜“焖酥鱼”可以解决这个困扰，制作时挑选小型的鲫鱼，先用油煎炸，再加醋汁等调料焖到骨肉酥烂，可以整条入口，不必吐刺。

鲫鱼体内含寄生虫的概率高。如果看到腹部异常膨大的鲫鱼不要买，很可能感染了绦虫，常见的有双线绦虫、舌状绦虫、鲤蠢绦虫，有些虫的成体长达5米，如果加工过程中没有熟透，很有可能给人带来健康隐患。

银鲫

拉丁学名： *Carassius auratus gibelio*

分类类群： 硬骨鱼纲 鲤形目 鲤科

形态特征： 全长15～25厘米，体侧扁而高，背部略隆起，暗灰色，腹部银白色，个体较大；口端位；尾鳍叉形。

原产地环境： 淡水中下层

银鲫是鲫鱼的一个亚种，外形和鲫鱼很像，区别是银鲫的胸鳍贴在身体上后，其末端不达到腹鳍的起点，而鲫鱼的胸鳍末端达到腹鳍起点。和全国广布的鲫鱼不同，银鲫只分布于黑龙江、额尔齐斯河水系，为天然的多倍体生物。不过，现在北京市面上所见的银鲫大都不是野生种，而是杂交的异育银鲫，它最早于20世纪80年代培育成功，即用三倍体的银鲫和二倍体的其他鱼种（如兴国红鲤）人工授精，表面上是杂交，但精子只是起诱导发育的作用，后代几乎不带父本的基因，而是继承自母本，性别也全是雌性，故别名“女儿国鱼”。异育银鲫个体很大，长势快，产量高。

青鱼

拉丁学名： *Mylopharyngodon piceus*

别名： 黑鲩、螺蛳青

分类类群： 硬骨鱼纲 鲤形目 鲤科

形态特征： 全长70～200厘米，体粗壮，延长呈近圆筒形，背部青黑色，腹部浅灰色；口端位；尾鳍叉形。

原产地环境： 淡水底层

青鱼是“四大家鱼”之一（其他三种分别是草鱼、鲢鱼和鳙鱼），又名螺蛳青，因喜食螺蛳而得名，外形与草鱼（又名鲩鱼）相似，但体表青黑色，所以也叫黑鲩。青鱼的食用价值要胜过鲤鱼、草鱼等常见淡水鱼，我国南方地区常吃，北京本地也有出产，但因它生长快、个体巨大，最大者可近2米，市售个体一般也在1米左右，一般家庭很少整条购买，切成块又显得新鲜度不够，所以现在销路不好，超市冰鲜区偶尔可见，主要起到撑门面的作用。青鱼的咽喉齿的角质结构质地厚重、坚硬，打磨后可做工艺品。

青鱼咽喉齿角质结构

草鱼

拉丁学名：*Ctenopharyngodon idella*

别名：鲩鱼

分类类群：硬骨鱼纲 鲤形目 鲤科

形态特征：全长40～70厘米，体延长，前段近圆筒形，尾部侧扁，背部灰黄色，腹部白色；口端位，吻部略平扁；尾鳍叉形。

原产地环境：淡水中下层

草鱼是“四大家鱼”之一，喜食水草，有时甚至能跃出水面取食芦苇、垂柳等植物的茎叶，肉的土腥味较淡，如果不爱吃鲤鱼的话，它是不错的替代品。草鱼的肉质紧实，切片、切条都不容易散，是做“菊花鱼”的常用鱼，北京传统菜“门墩鱼”“干烧鱼”也常用草鱼。清代《燕京杂记》中记载“京师最重活鱼，鲩鱼一斤值钱三四百”，可见旧时草鱼在北京饮食文化中的地位。

现在北京的各大餐馆里，草鱼可以说是水煮鱼、酸菜鱼等菜肴的“基本款”。草鱼也有缺点，其一是它和鲤形目其他鱼类一样，背部肌肉内都有发达的肌间刺；其二是它的肉质在烹饪时容易过老，火候不易掌握。广东中山出产一种脆肉鲩，它并不是单独的种类或品种，而是用加了蚕豆的饲料所饲养出的草鱼，蚕豆会使草鱼中毒，导致肌肉富有弹性，粤语中形容这种口感为“脆”。脆肉鲩不能用普通的方法长时间炖煮，否则肉质会变得坚硬难嚼，一般都是切薄片清蒸、煎炒或涮火锅。

团头鲂

拉丁学名：*Megalobrama amblycephala*

别名：武昌鱼

分类类群：硬骨鱼纲 鲤形目 鲤科

形态特征：全长15～45厘米，体侧扁而高，略呈菱形，背部黑灰色，腹部银白色；口端位；尾鳍叉形。

原产地环境：淡水中下层

团头鲂的商品名为“武昌鱼”，陶渊明在《吴孙皓初童谣》中写道：“宁饮建业水，不食武昌鱼。宁还建业死，不止武昌居。”许多人把这首诗作为团头鲂食用历史悠久的证据，但此诗记录的其实是三国时吴国民众对于迁都武昌（今湖北鄂州）的抗议，诗中的“武昌鱼”泛指当时武昌水里的鱼，不特指某一种鱼。

在湖北，团头鲂一直被奉为美味，1956年时毛泽东写下名句“才饮长沙水，又食武昌鱼”，鱼类学家易伯鲁认为：“如果要正名分，那么武昌鱼就应该归团头鲂所专有。”由此，武昌鱼成为团头鲂的通用商品名。湖北人一般都说正宗的武昌鱼有13对半大刺（肋骨），团头鲂的肋骨实际是13对，所谓半对，是头后部脊椎骨上的一对侧突，并非肋骨。

鲢鱼

拉丁学名：*Hypophthalmichthys molitrix*

别名：白鲢、跳鲢

分类类群：硬骨鱼纲 鲤形目 鲤科

形态特征：全长40～70厘米，体侧扁，呈纺锤形，背部青灰色，体侧和腹部白色；头大，口端位；尾鳍叉形。

原产地环境：淡水中上层

鲢鱼全身银白色，在北京俗称白鲢。它多在水面表层活动，冬季潜入深水越冬，喜食浮游水藻，常被投放到景观水体中控制藻类生长，因此在北海公园等地的池塘、湖泊中十分常见，人们划船时经常能够看到鲢鱼跃出水面。如今在北京古北水镇等景区，也用它当作水体的观赏鱼，群游时比锦鲤更加素雅。20世纪后期，有许多种鲤科鱼类从东亚引入北美，成为入侵物种，被统称为“亚洲鲤鱼”，其中大多都是鲢鱼。鲢鱼是“四大家鱼”之一，养殖容易，产量也大，在北京市场上常见，但是腥气重，肌间刺也多，很难烹饪得好吃，所以不太受欢迎，价格也很便宜。

鳙鱼

拉丁学名： *Aristichthys nobilis*

别名： 花鲢、胖头鱼、大头鱼

分类类群： 硬骨鱼纲 鲤形目 鲤科

形态特征： 全长40～80厘米，体侧扁，呈纺锤形，背部深灰色、有黑色斑点，腹部白色；头大，口端位、宽大；尾鳍叉形。

原产地环境： 淡水中上层

鳙鱼为“四大家鱼”之一，是鲢鱼的近亲，身体外形与鲢鱼比较接近，也以浮游生物为食，但不善跳跃，体形更大，尤其头部，比起鲢鱼更是明显大上一圈，所以俗称“胖头鱼”，因体色偏黑，带有斑点，在民间也有“花鲢”的俗名。鳙鱼躯干的肉质一般，不甚美味，唯有头部附近的肉细嫩鲜美，是剁椒鱼头、鱼头泡饼等菜肴的首选用料。由于鳙鱼只有头部有较高的食用价值，所以现在人们也用特殊的方式培育出了一种缩骨鳙鱼，也叫缩骨大头鱼，它的身躯短小，头长超过体长的三分之一，在市场上时有见到。北京地区也出产鳙鱼，淡水水体中常见，近年来吉林查干湖冬捕的鱼在市场上流行，其中的主要种类也是鳙鱼。

大鳞副泥鳅

拉丁学名：*Paramisgurnus dabryanus*

别名：大泥鳅

分类类群：硬骨鱼纲 鲤形目 鳅科

形态特征：全长10～18厘米，体细长，近圆柱状，尾部侧扁，有发达皮褶，背部灰褐色，体侧有黑色斑点，腹部白色；口下位，有5对短须；尾鳍圆形。

原产地环境：淡水底层

北京民间所说的“泥鳅”，不仅指分类学中所说的泥鳅（*Misgurnus anguillicaudatus*）这一种，而是泛指鳅科的许多种鱼类，其中在市场上最常见的是大鳞副泥鳅，它的体形比泥鳅粗壮，个体也更大，肉更多，经济价值也高一些，现在有比较成熟的人工养殖技术，在市场上比泥鳅更容易见到，有时会被顾客误以为是“打了激素的泥鳅”。大鳞副泥鳅本来分布于长江中下游及以南地区，近年来随着物流、放生、气候变暖等因素的影响，在华北、东北的自然水体也多次发现，北京也有，它和泥鳅的区别除了体形外，还可以看尾鳍。大鳞副泥鳅的尾鳍上沿和下沿都向躯干部延伸出薄薄的“尾褶”，有时可延伸至背鳍处，所以显得尾巴比泥鳅粗很多。真正的泥鳅在北京的各大水体中广泛分布，野生数量也很多，用简易的鱼笼即可捕获，近年来较少出现在菜市场、超市里，更多地作为活饵出现在花鸟鱼虫市场上，充当大型观赏鱼、某些蛇类、龟类的食物。

短盖肥脂鲤

拉丁学名：*Colossoma brachypomus*

别名：淡水白鲳、短盖巨脂鲤

分类类群：硬骨鱼纲 脂鲤目 锯脂鲤科

形态特征：全长15 ～ 25厘米，体侧扁，近盘状，背部和体侧银灰色，腹部白色；口端位，有坚硬的牙齿；背鳍后有一脂鳍，胸鳍、腹鳍和臀鳍多呈红色，尾鳍叉形，黑色。

原产地环境：淡水中下层

短盖肥脂鲤原产于南美洲亚马孙河流域，后作为食用鱼引进中国。因为形似海水中的鲳鱼，又生在淡水，故其商品名为“淡水白鲳”。其实它和海里的鲳鱼毫无关系，而是食人鱼（纳氏臀点脂鲤）的近亲。比起食人鱼，短盖肥脂鲤更喜欢植物性食物，牙齿也更加平坦，但力量颇大，能咬碎坚果。短盖肥脂鲤易养殖，产量较大，虽然风味一般，但肉厚价廉，鱼腩比较好吃，也没什么小刺，它在中国存在入侵种群，但由于不耐寒，只威胁到珠江、闽江、澜沧江流域，在北京地区的自然水体中无法越冬。

黄颡鱼

拉丁学名： *Pelteobagrus fulvidraco*

别名： 嘎鱼、黄辣丁、昂刺鱼、黄鸭叫

分类类群： 硬骨鱼纲 鲇形目 鲿科

形态特征： 全长5～15厘米，体延长，略粗壮，背部黑褐色，腹部黄色，侧线上下各有一黄色纵纹；口大、下位，4对须，上颌须很长；尾鳍叉形，两叶都具有暗色纵纹。

原产地环境： 淡水底层

目前，我国人工养殖的黄颡鱼属的鱼类主要有3种，一是黄颡鱼（*Pelteobagrus fulvidraco*），它体色比较“黄黑分明”，胸鳍硬棘的前、后缘都有明显锯齿，市售多为人工选育的全雄个体；二是瓦氏黄颡鱼（*Pelteobagrus vachelli*），它体色比较模糊，胸鳍硬棘只有后缘有锯齿；三是前两者的杂交后代，特征介于两者之间，胸鳍硬棘前缘有不明显的锯齿。

北京土话把黄颡鱼类的鱼称为“嘎（gǎ）鱼”，因其鳍上的刺摩擦关节时会发出嘎嘎的声音。现在北京市面多称其为黄辣丁，在外地还有黄鸭叫、昂刺鱼等别名，其体表的黄色黏膜容易脱落，曾被不熟悉它的消费者误以为是染色鱼。黄颡鱼体内没有细刺，吃起来很方便，但它背鳍、胸鳍都有坚硬的骨质硬棘，处理时要先剪掉，防止人被扎伤感染。

土鲇

拉丁学名： *Silurus asotus*

别名： 鲇鱼

分类类群： 硬骨鱼纲 鲇形目 鲇科

形态特征： 全长30～70厘米，体延长，后部侧扁，背部和体侧黑褐色，腹部白色；口下位，口裂不到眼前缘下方，成鱼2对须，幼鱼3对须；臀鳍基部延长，尾鳍小而内凹。

原产地环境： 淡水底层

鲇鱼是鲇形目许多种类的统称，北京地区所说的鲇鱼，一般指土鲇，它幼年时期口边有3对须，成年后减少为2对。土鲇全身无鳞，有许多黏液，在全国各水体中常见，多生活于静水的底层，昼伏夜出，性情凶猛，以小鱼、小虾为食。

土鲇刺少肉嫩，食用价值很高，但土腥味重，一般以重口味烹调掩盖。北京通州的小楼饭店有一名菜“烧鲇鱼”，是把土鲇先炸再勾芡汁烧熟，和大顺斋糖火烧、万通酱园酱豆腐并称“通州三宝”。北京市场上的鲇鱼，除土鲇外，有时也可见到大口鲇（*Silurus meriordinalis*），二者外形非常相似，区别是：土鲇的口裂不到眼睛前缘；而大口鲇的口裂到达眼睛后缘。

（摄影：黄俊豪）

斑点叉尾鮰

拉丁学名：*Ietalurus punetaus*

别名：清江鱼、梭边鱼

分类类群：硬骨鱼纲 鲇形目 鮰科

形态特征：全长30～60厘米，前部较宽，后部细长，背部和体侧淡青灰色，腹部白色；头部较细长，口亚端位，口边有4对须；背鳍后有一脂鳍，尾鳍大，分叉深。

原产地环境：淡水底层

斑点叉尾鮰原产于北美洲，1984年作为食用鱼引进我国湖北养殖，现在各地均很常见，也有逃逸形成的入侵种群。斑点叉尾鮰原生的生活环境是洁净的河流，以小鱼、小虾等水生动物为食，口旁有8条须，尾鳍分叉，活着的时候在水中也能像黄颡鱼一样发出声音。斑点叉尾鮰容易养殖，肉多刺少，肉质细腻鲜美，价格也不贵，在市场上很受欢迎，在北京的餐厅，一般被称为“清江鱼”“梭边鱼”，有时会被用来冒充价格更为昂贵的江团鱼（长吻鮠）。

博氏鲑

拉丁学名：*Pangasius bocourti*

别名：巴沙鱼

分类类群：硬骨鱼纲 鲇形目 鲑科

形态特征：体长而侧扁，背部和体侧青灰色，腹部白色；头部较宽，口亚下位，口边有2对须；背鳍后有一脂鳍，尾鳍叉形。

原产地环境：淡水中下层

巴沙鱼一名，是英文basa的音译，中国市场上的巴沙鱼基本都是已经切割、分装好的长条形冷冻鱼肉，主要来自博氏鲑，也有低眼无齿鲑（*Pangasianodon hypophthalmus*）。它们都是湄公河流域的鲇鱼，如果任其在宽阔水域中自由生长，可以长成一两米长的巨型鱼，当地人会捕捞体形适中的个体，加工成冰冻鱼排销售。巴沙鱼肉在加工过程中会添加保水剂，口感软嫩，无细刺，也基本无异味，价格便宜，现在越来越被国人接受，只不过有时会被用来冒充龙利鱼（舌鳎）或鲷鱼。低眼无齿鲑的幼体形似鲨鱼，体色深蓝，在观赏鱼市场上被称为“蓝鲨”，野生低眼无齿鲑的受威胁程度目前已被国际自然保护联盟列为濒危级别，市场上见到的都是养殖个体。

虹鳟

拉丁学名： *Oncorhynchus mykiss*
别名： 鳟鱼、虹鳟鱼、金鳟
分类类群： 硬骨鱼纲 鲑形目 鲑科
形态特征： 全长30～50厘米，体长而侧扁，背部暗蓝绿色，体侧银白色，有红色宽纵带，布满小黑斑，腹部白色；口端位；背鳍后有一脂鳍，尾鳍叉形。
原产地环境： 淡水中上层

虹鳟因体侧有彩色条带而得名，原产于北美洲，20世纪中期作为食用鱼引入我国，早已人工繁育成功，是常见的淡水食用鱼。虹鳟喜欢生活在低温的流动溪水里，北京怀柔山区的水域十分适于它们生长，因此开设了许多主打钓虹鳟、烤虹鳟的农家乐，是北京郊区旅游的特色项目之一。虹鳟烤熟后，鱼皮焦脆，鱼肉浸满烧烤料的香味，非常好吃。有些商家会把生虹鳟做成刺身售卖，甚至直接用其冒充三文鱼（大西洋鲑），如果在饲料中添加虾青素等类胡萝卜素类物质，虹鳟的肉与三文鱼十分相似，难以分辨。但是虹鳟属于淡水鱼，体内的寄生虫有寄生人体的风险，所以不宜生吃。在市场上，有时也能见到白化个体的虹鳟，它的身体呈金色，商品名为“金鳟”。

大西洋鲑

拉丁学名：*Salmo salar*

别名：三文鱼

分类类群：硬骨鱼纲 鲑形目 鲑科

形态特征：全长50～100厘米，体长而侧扁，呈梭形，背部蓝灰色，体侧银白色，沿侧线位置有黑色斑点，腹部白色；口端位；背鳍后有一脂鳍，尾鳍叉形。

原产地环境：幼鱼生活在淡水河流中；成鱼生活在海洋里，洄游到出生的河流中产卵

大西洋鲑的商品名为三文鱼，这个名字是英文salmon的音译。它原产于大西洋北部地区，后来被多地引入养殖，现在中国市面上所见的三文鱼，大多是进口的养殖个体。三文鱼的脂肪含量高，生食口感绝佳，且价格适中，是常用的刺身材料，野生个体比较容易感染异尖线虫，人工养殖个体中较少见。异尖线虫肉眼可见，可及时挑出，彻底烹熟食用更可确保安全。三文鱼肉色橙红，但在餐饮和营养学分类中，属于白肉鱼，因为它肌肉的红色并非来自肌红蛋白，而是食物中的虾青素等物质积累呈现出的颜色，如果给虹鳟鱼等近缘种也投喂含有色素的饵料，同样也能培育出橙红色的鱼肉。近年来有国内厂商用淡水养殖的三倍体虹鳟冒充三文鱼，它和三文鱼的肉质和外观都十分相似，很难分辨，购买时要看产地，产自我国内陆地区的，就是三倍体虹鳟。

太平洋鲑

拉丁学名：*Oncorhynchus* spp.

别名：大麻哈鱼

分类类群：硬骨鱼纲 鲑形目 鲑科

形态特征：全长60～100厘米，体长而侧扁，呈梭形，雄鱼在繁殖期背部明显隆起；口端位；背鳍后有一脂鳍，尾鳍叉形。

原产地环境：幼鱼生活在淡水河流中；成鱼生活在海洋里，洄游到出生的河流中产卵

太平洋鲑是分布在太平洋的多种鲑科鱼类的统称。市面上常见的种类有大鳞大麻哈鱼（帝王鲑）、银大麻哈鱼（银三文鱼）、驼背大麻哈鱼（粉三文鱼）、红大麻哈鱼（红三文鱼）、大麻哈鱼（阿拉斯加三文鱼）。其中，产自我国东北的大麻哈鱼，长久以来都是当地常见的食用鱼，20世纪90年代后，曾在北京冬季菜市场以冻鱼的形式少量出售，现在有时也能见到，在北京的吃法一般就是做成炖鱼，在东北地区还流行用它包饺子。大麻哈鱼的肉和三文鱼外观很像，但是不能生吃，因为它们来自野外淡水捕捞，体内比较容易感染寄生虫，应当彻底烹熟食用。

大麻哈鱼

大银鱼

拉丁学名： *Protosalanx hyalocranius*

别名： 银鱼、面鱼

分类类群： 硬骨鱼纲 胡瓜鱼目 银鱼科

形态特征： 全长8～18厘米，体细长，全身半透明，头顶、背部有分散的小黑点；头扁平，吻长，口端位；尾鳍叉形。

原产地环境： 海水或淡水中上层

银鱼是银鱼科鱼类的统称，大银鱼是其中个体最大的种类，全长可达18厘米，自然分布于朝鲜半岛和中国东海以北沿岸水域，1990年引入北京，目前在北京官厅水库有稳定种群，密云等地有人工养殖，已可供应北京市场。大银鱼的活体全身几乎透明，可看到内脏，死后全身会变白，所以叫银鱼，它的体内无胃，食管直接与肠子相连，幼鱼吃浮游生物，成鱼为肉食性鱼类，吃小鱼小虾。早年间，北京虽然不产银鱼，但是可以从相邻的天津运来，称为“卫河银鱼”。以前北京的餐馆会根据品质不同，将银鱼分为“银鱼”和“面鱼”，金眼为“银鱼”，多用于汆汤，黑眼为“面鱼”，多用于裹面油炸。

毛鳞鱼

拉丁学名： *Mallotus villosus*

别名： 多春鱼、多䲠鱼

分类类群： 硬骨鱼纲 胡瓜鱼目 胡瓜鱼科

形态特征： 全长10～20厘米，体长，略呈圆柱形，背部暗褐色，腹部银白色，体侧有两条棱状凸起；口端位；尾鳍深叉形。

原产地环境： 海水中上层

毛鳞鱼广泛分布于北半球的寒冷海域，成鱼生活在海洋中，有集群习性，春季回到河流产卵，幼鱼孵化后游向大海长大，繁殖期雌鱼腹内被卵挤满，我国闽台一带的客家方言中，称之为“多䲠（cūn）鱼”，即多卵鱼之意，因方言用字过于生僻，今多写为多春鱼。多䲠鱼是个统称，泛指多种鱼子丰富的小型海鱼，除了毛鳞鱼外，还有胡瓜鱼科的其他一些种类，不过在北京，以加拿大、挪威出产的毛鳞鱼最为常见。毛鳞鱼适合整鱼油炸，主要的食用价值体现在鱼子上。国内一些餐馆中，还能看到一种“希鲮鱼”，是把多䲠鱼子和鲭鱼肉、鲱鱼肉人工压制在一起的食品，价格低，口感差，多作为刺身拼盘里的凑数角色。

黄线狭鳕

拉丁学名：*Gadus chalcogrammus*

别名：狭鳕鱼、明太鱼

分类类群：硬骨鱼纲 鳕形目 鳕科

形态特征：全长60～100厘米，体延长，后部侧扁，背部绿褐色，腹部白色，体侧有数条纵纹，纹间黄色；口端位，下颌长于上颌；尾鳍浅凹形。

原产地环境：海水下层

黄线狭鳕有时也简称为狭鳕鱼，主要产自朝鲜、日本、俄罗斯、阿拉斯加海域，朝鲜人、韩国人称之为明太鱼，会将其制成鱼干，雌鱼腹内的鱼子就叫明太子，可以加盐腌制成佐餐小菜。黄线狭鳕比正宗的鳕鱼（大西洋鳕）产量大，价格低廉，不过味道也同样鲜美，北京一些西式快餐店中的鱼肉汉堡，使用的就是狭鳕鱼，过去一般会笼统地称之为“鳕鱼堡”，现在很多店家都已经明确写成“狭鳕鱼堡”。黄线狭鳕除了整鱼供应市场外，也会被打成肉糜，用于进一步加工。北京市场上的人工蟹肉棒、人工龙虾尾等产品，其主要原材料都是黄线狭鳕。

大西洋鳕

拉丁学名： *Gadus morhua*

别名： 鳕鱼

分类类群： 硬骨鱼纲 鳕形目 鳕科

形态特征： 全长1～2米，体延长，后部侧扁，背部和体侧灰褐色，腹部白色；口端位，上颌长于下颌，下颌有1条触须；尾鳍浅凹形。

原产地环境： 海水下层

鳕鱼是鳕科多种鱼类的统称，其中，大西洋鳕分布在大西洋西北部的寒冷海水中，体形巨大，肉质厚实无刺，白嫩无异味，适合切块煎炸，英国著名的“炸鱼薯条”，所使用的鱼就是大西洋鳕。我国不出产大西洋鳕，但俄罗斯等出产国会把捕捞到的鱼送到我国港口加工，再销往全世界。另外，我国黄海、渤海出产的太平洋鳕（*Gadous macrocephaius*），北京也有出售。目前在市场上，有许多名为“某某鳕”的白色切块鱼肉，并不都是真正的鳕鱼，如“黑鳕”“银鳕”“蓝鳕”一般是裸盖鱼（*Anoplopoma fimbria*），它的价格比鳕鱼高很多，肉质洁白细腻，但它体内容易积累重金属污染物，不适于孕妇和婴幼儿食用。还有一类所谓“鳕鱼块”，也称“油鱼”“白金枪鱼”，实际是异鳞蛇鲭（*Lepidocybium flavobrunneum*）等蛇鲭类鱼的肉，含有很多人体不能消化的油脂，多食会导致严重的急性腹泻。

蓝点马鲛

拉丁学名：*Scomberomorus niphonius*

别名：鲅鱼

分类类群：硬骨鱼纲 鲭形目 鲭科

形态特征：全长60～100厘米，体细长而侧扁，背部和体侧蓝黑色，沿体侧中央有数列深色斑点，腹部银灰色，尾柄两侧有隆起的脊；吻尖，口端位；背鳍和臀鳍后方有9个分离小鳍，尾鳍深叉形。

原产地环境：海水中上层

蓝点马鲛俗称鲅鱼，是凶猛的食肉型鱼类，也是我国沿海最常见、市场认知度最高的大型海鱼之一，体长可达1米。潮汕地区有俗谚“好鱼马鲛鲳”，意思就是说马鲛和鲳鱼是鱼中上品，山东沿海的一些地方，逢年过节送礼都有送蓝点马鲛的传统，东北地区的年货也讲究买大个的蓝点马鲛。蓝点马鲛肉多刺少，可以切块做成熏鱼或是干煎，不过在北方沿海地区更常见的做法是将其剁成馅，做成鲅鱼饺子。蓝点马鲛虽然好吃，但是容易变质，捕捞后需要及时冷冻，买回家后如果保存不当，容易造成食用者组胺中毒。我国市场上常见的马鲛除了蓝点马鲛外，还有一种康氏马鲛（*Scomberomorus commerson*），它体形比蓝点马鲛更大，体表没有斑点，而是布满深色横纹，南方沿海地区比较多见，因体形巨大，所以一般会先切割成段，然后再分别食用，不会整条下锅。

康氏马鲛

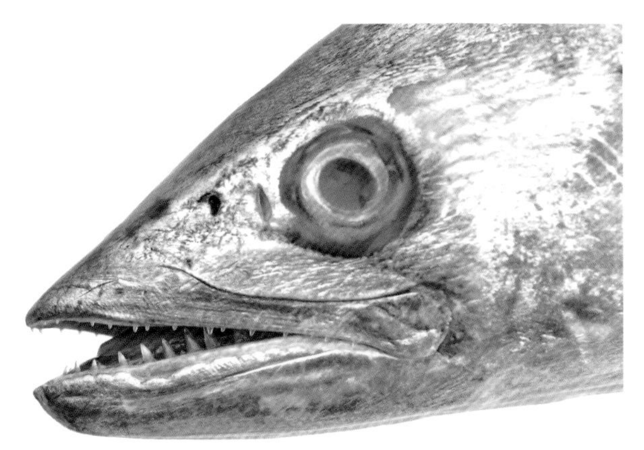

蓝点马鲛口中有尖锐的牙齿

市场上的蓝点马鲛

鲳

拉丁学名：*Pampus* spp.

别名：平鱼、白鲳、镜鱼

分类类群：硬骨鱼纲 鲭形目 鲳科

形态特征：全长15～40厘米，体侧扁而高，近菱形，背部淡青灰色，腹部银白色；口端位，吻圆钝；背鳍和臀鳍镰刀状，无腹鳍，尾鳍深叉形。

原产地环境：海水中下层

鲳科鱼类身体扁平，在北京最常见的种类曾被认为是银鲳，但近年来研究发现，真正的银鲳只分布在南海，北方市场上的种类大多为镰鲳（*Pampus echinogaster*），兼有翎鲳等外形极似的种类。这些鲳鱼在北京民间俗称平鱼，在其他地区也叫白鲳、镜鱼。早在晚清、民国时期，鲳鱼就是北京人常吃的几种海鱼之一，一直到20世纪中后期，国内的物流还不太发达时，北京冬季街边常会有人推车或摆摊售卖冷冻鲳鱼，人们买回家常用葱、蒜、酱油烹之。鲳鱼肉质紧实，身体左右各有两大片肉，没什么小刺，味道鲜美，在沿

海地区，如果捕捞到新鲜鲳鱼，人们往往拿来清蒸，更能显出鲜味来，有些地方叫它“狗瞌睡鱼”，形容它可食部分很多，人吃完以后剩不下什么部分能够丢给狗吃，狗在旁边等得都要打瞌睡了。

市场上的鲳鱼包含数个物种，形态极似，具体分法连专业学者都未确认

市场上的中国鲳（*Pampus chinensis*），俗称斗鲳，多见于东南沿海地区，北京市场上少见

白腹鲭

拉丁学名： *Scomber japonicus*

别名： 鲐鱼、鲭鱼、青花鱼、鲐巴鱼、日本鲐

分类类群： 硬骨鱼纲 鲭形目 鲹科

形态特征： 全长30 ～ 50厘米，体延长，呈纺锤形，略侧扁，横截面椭圆形，背部青黑色，有细密波状纹，腹部白色，尾柄两侧有隆起的脊；口端位；背鳍和臀鳍后各有5个小鳍，尾鳍深叉形。

原产地环境： 海水中上层

白腹鲭也叫日本鲐，和同属的一些近缘种一起被泛称为鲐鱼、鲭鱼、青花鱼、鲐巴鱼，它广泛分布于太平洋各海域，喜欢在海水上层集群游动、觅食，腹部白色，后背有深蓝色虎纹。白腹鲭的产量不低，但死后极易腐烂变质，变质后不仅产生异味，人食用后还很容易出现组胺中毒，所以渔船捕捞上来后，要么是马上速冻，要么是加醋腌制。北京许多餐馆里都有这种醋腌制过的鱼段，称为“醋青花”，在沿海地区也有把它制成鱼干食用的。白腹鲭的常见近缘种有两种：一种是花腹鲭（*Scomber australasicus*），外观上和白腹鲭的区别是腹部有许多斑纹，身体横截面接近圆形，主要出产于太平洋的温暖海域；还有一种是大西洋鲭（*Scomber scombrus*），它的体表背侧的花纹比白腹鲭更粗，常排成一列比较规律的“<”形。

花腹鲭

大西洋鲭

市场上的白腹鲭

白带鱼

拉丁学名：*Trichiurus lepturus*

别名：带鱼、刀鱼

分类类群：硬骨鱼纲 鲭形目 带鱼科

形态特征：全长50 ~ 150厘米，体长而侧扁，呈带状，后方纤细呈线状，全身银灰色；头尖长，口端位，下颌比上颌长，外露尖锐的牙齿；背鳍基部延长，从头后一直延伸到尾，无腹鳍和尾鳍。

原产地环境：海水中下层

带鱼科的物种在北京统称带鱼，其中，白带鱼是我国的主要水产之一，以东海出产的品质最好，现因过度捕捞，市售个体的体形普遍偏小，大体形带鱼多为我国南方或外国暖水海域捕捞上来的带鱼科的其他种类。这种暖水海域产的带鱼，鱼刺上常有骨瘤，东海或黄海、渤海的带鱼则一般没有。带鱼曾是北京人最常食用的海鱼之一，多以冻带鱼或咸带鱼形式出售，烹饪方式主要为红烧和干炸，如今，北京市场上也有冰鲜个体出售。带鱼的体表覆盖有一层银色的脂类物质，冻品往往会被蹭得一塌糊涂，失去光泽，但新鲜带鱼就会呈现出镜面一样的反光，非常漂亮，这种鲜带鱼适于清蒸，更

能品尝出它的鲜味。带鱼平时白天潜伏在深海中，夜晚浮到海水表层捕食，如果从深水中打捞出来，它们会因为受不了压强的剧烈变化而死，但如果夜晚趁其浮至水面时捕捞，就能活一段时间。

新鲜的带鱼体表银光闪闪

清蒸带鱼

云斑尖塘鳢

拉丁学名： *Oxyeleotris marmorata*

别名： 笋壳鱼

分类类群： 硬骨鱼纲 虾虎鱼目 塘鳢科

形态特征： 全长20～60厘米，体延长而粗壮，前部近圆筒形，后部侧扁，体表浅褐色，有不规则棕褐色云斑；两个背鳍分离，大小近似，尾鳍圆形，基部有三角形黑斑。

原产地环境： 淡水和咸淡水交汇区底层

云斑尖塘鳢外形和颜色都很像刚挖出来的竹笋壳，所以得到了“笋壳鱼”这个俗名，它原产于东南亚和大洋洲的温暖地区，20世纪末期实现人工繁育，现在我国各地广泛养殖，在南方一些地区也有逃逸到自然环境中形成的稳定种群。由于它肉多、刺少、无土腥味，所以在市场上很受欢迎，前些年在南方地区比较流行。杭州的名菜“西湖醋鱼”，按传统的做法是用草鱼，但是草鱼较腥且刺多，火候也不易掌握，所以有许多饭店都提供云斑尖塘鳢的版本，风味比草鱼更佳。

近年来，这种鱼也流行到了北京，市场认知度在逐渐提高。市场上所见到的云斑尖塘鳢，大部分是原色，即浅褐底色上带有棕褐色云斑，偶尔也有白色型个体，体表有大面积的白色，这两种类型只是体色不同，食用价值没有区别。

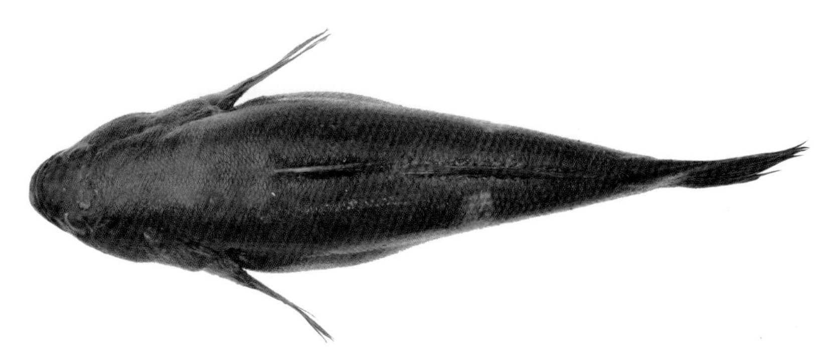

云斑尖塘鳢的体形和颜色都与竹笋相似，故名笋壳鱼

云斑尖塘鳢口中有尖锐的牙齿

油炸的云斑尖塘鳢

乌鳢

拉丁学名：*Channa argus*

别名：黑鱼、柴鱼、黑鱼棒子

分类类群：硬骨鱼纲 攀鲈目 鳢科

形态特征：全长 40 ～ 70 厘米，体细长，前部圆筒形，后部侧扁，头侧有黑色斑纹，背部和体侧灰黑色，有不规则黑色斑块，腹部白色；头长，口端位；尾鳍圆形，背鳍、臀鳍、尾鳍上都有黑斑。

原产地环境：淡水中上层

乌鳢在北京俗称黑鱼，是一种性情凶猛的肉食性鱼类，一个鱼塘里若混进一两条乌鳢，塘主必定要想方设法清除，否则整塘鱼都会很快被它吃掉。乌鳢的肉质鲜嫩，没有细小刺，食用价值很高，是做水煮鱼、酸菜鱼、鱼火锅的上好食材。在民间，乌鳢还有“孝鱼”之称，传说母鱼产后体弱，仔鱼会争先游进母鱼嘴里舍身饲母，其实真相是乌鳢有护幼习性，产卵之后，如果遇到外敌入侵，会把卵或初孵仔鱼主动含在口里保护，安全后再吐出。

鳢科的鱼类在我国常见食用的还有斑鳢（*Channa maculata*），它的外形和乌鳢十分相似，最大的区别就是头顶的斑纹，斑鳢的头顶斑纹俯瞰如同汉字“一八八”，而乌鳢的是不规则斑点。乌鳢和斑鳢可以杂交，北京市场上除了有这两种鱼，也能看到它们的杂交种。

斑鳢头部有“一八八”样斑纹（摄影：黄俊豪）

乌鳢头部和背部有圆形斑纹（摄影：黄俊豪）

黄鳝

拉丁学名： *Monopterus albus*

别名： 鳝鱼、长鱼

分类类群： 硬骨鱼纲 合鳃目 合鳃鱼科

形态特征： 全长20～70厘米，体细长、蛇形、无鳞、黏滑，体表黄褐色，腹部颜色较浅；头长而圆，口端位，上颌略凸出。

原产地环境： 淡水浅处底层

黄鳝身体细长似蛇，全身无鳞、无鳍、无鳔，躯干内只有一条三棱状脊柱，没有细刺，鳃也大幅退化，靠口腔和皮肤呼吸，因而只能在浅水里生活，经常在池塘边、田埂里掘洞而居，平时会经常把口伸出水面呼吸，如果长期困于深水之中，反而会被淹死，遇到水体干涸的情况，只要皮肤能保持湿润，它就可长期存活。

我国南方地区食用黄鳝较多，其实北京也出产黄鳝，只不过体形一般较小，传统的做法以红烧为主。黄鳝整鱼在市场上销售时，都是活的，要现买现杀，宰杀后不能长期放置，因为它死后腐烂变质速度很快，久置易引起食物中毒。黄鳝有性逆转现象，初生幼鱼基本都是雌性，生长到两年左右时，开始逐渐转变为雄性。

大西洋胸棘鲷

拉丁学名：*Hoplostethus atlanticus*

别名：长寿鱼、橙棘鲷

分类类群：硬骨鱼纲 金眼鲷目 棘鲷科

形态特征：全长50～70厘米，体侧扁，全身橙红色或鲜红色；头大，面颊有不规则凸起，口端位；尾鳍深叉形。

原产地环境：海水中下层

大西洋胸棘鲷的商品名为长寿鱼，广泛分布在南半球温暖海域的深海中，新西兰出产很多，近年来也出口到我国市场，除此之外，还有不少是我国远洋渔船在西非等地的大西洋海域所捕捞上来的个体，冷冻带回国内后包装销售，因其通红的身体看上去很喜庆，所以在超市中常作为年货礼物出售。这种鱼虽然味道清淡鲜美，刺少肉多，但因为面目比较狰狞可憎，所以在北京，除了逢年过节时，很少有人去主动购买。

黄条鰤

拉丁学名： *Seriola lalandi*

别名： 青甘、油甘、黄金鲅

分类类群： 硬骨鱼纲 鲹形目 鲹科

形态特征： 全长1～1.5米，体延长，呈纺锤形，背部深蓝色，腹部银白色，体侧有一纵贯头尾的黄色纵带，尾柄两侧有隆起的脊；口端位；背鳍和臀鳍基部延长，尾鳍深叉形。

原产地环境： 海水上层

黄条鰤也叫青甘、油甘，体侧有一条明显的黄线，故而得名，是一种在海水上层活动的掠食性鱼类。我国北方沿海地区有养殖，生长速度快，产量很高，市面上有时会出现大小一致的个体，这些大多都是养殖货。黄条鰤在日本很受欢迎，日本人喜欢吃冬季繁殖期前的肥厚个体，称它为“寒鰤”。但在我国，它就不太受人重视，出现在市场上时，往往鲜度已不佳，肉质变差，有时还要蹭鲅鱼的名头，命名为“黄金鲅”才有人愿意买。

布氏鲳鲹

拉丁学名： *Trachinotus blochii*

别名： 金鲳、白鲳、红沙、红杉、黄立鲳

分类类群： 硬骨鱼纲 鲹形目 鲹科

形态特征： 全长50～80厘米，体侧扁，呈卵形，背部浅灰色，体侧和腹部白色；吻圆钝，口端位，下颌长于上颌；背鳍和臀鳍镰刀状，尾鳍深叉形。

原产地环境： 海水中上层

布氏鲳鲹是一种凶猛的掠食性鱼类，体形扁平，和鲳鱼很像，背部和鳍泛着金光，所以商品名叫作“金鲳”，又因体色偏白，所以有时也叫“白鲳”，但其实它是鲹科的物种，和鲳科的鲳鱼亲缘关系比较远。布氏鲳鲹个大、肉多，味道鲜美，适于清蒸，闽南语称之为红沙、红杉，在粤语中则称之为黄立鲳。布氏鲳鲹目前已经可以人工养殖，市面所售基本为养殖个体，与野生个体比起来，外观更加匀称美观，但风味和口感会略有下降，不如银鲳美味，二者的区别可以看腹部，银鲳没有腹鳍，而布氏鲳鲹有腹鳍，不过经常贴在体表，要仔细观察。

蓝圆鲹

拉丁学名： *Decapterus maruadsi*

别名： 巴浪鱼、池鱼

分类类群： 硬骨鱼纲 鲹形目 鲹科

形态特征： 全长20～35厘米，体纺锤形、略侧扁，背部蓝绿色，腹部银白色，尾柄两侧有隆起的脊；口端位，下颌长于上颌；第一背鳍三角形，第二背鳍和臀鳍延长，尾鳍深叉形。

原产地环境： 海水中上层

蓝圆鲹生活在近海中上层水域，常常集群活动，在我国广东、福建一带沿海产量很大，是常见且价廉的食用鱼。原产地市场上的蓝圆鲹既有野生捕捞的个体，也有人工养殖的，与许多其他种类的海鲜不同，人工养殖的蓝圆鲹由于脂肪含量高，味道反而胜过野生个体，所以价格也要稍高一些，北京市场上所见到的新鲜蓝圆鲹，基本都是养殖个体。蓝圆鲹体内组氨酸含量很高，可以给鱼肉带来鲜香味，但是在鱼死后，组氨酸分解产生的组胺类物质会导致人过敏，造成食物中毒，所以蓝圆鲹捕捞后不可久放。

北京所售的蓝圆鲹，都是冰鲜品，本身的新鲜程度就有所降低，所以购买后需要尽快吃掉或者加工。在沿海地区，俗称巴浪鱼的鱼类不止蓝圆鲹一种，常见的还有竹荚鱼（*Trachurus japonicus*），

北京市场上偶尔也能见到，食用价值与蓝圆鲹相仿，体形一般比蓝圆鲹略小，棱鳞沿整条侧线分布，而蓝圆鲹的鳞片仅长在侧线后半段。另外，蓝圆鲹尾柄末端上下有小鳍，而竹荚鱼没有。

蓝圆鲹侧线上的棱鳞仅分布在身体后部

市场上的蓝圆鲹

大菱鲆

拉丁学名： *Scophthalmus maximus*

别名： 多宝鱼

分类类群： 硬骨鱼纲 鲽形目 菱鲆科

形态特征： 全长30～70厘米，体极侧扁，呈菱形，左侧浅灰褐色，右侧白色；头三角形，双眼位于左侧，口端位、斜裂，下颌长于上颌；背鳍和臀鳍基部延长，尾鳍截形。

原产地环境： 海水底层

大菱鲆的商品名叫“多宝鱼”，这个名字是由英文名turbot音译而来。它是北京最常见的鲜活比目鱼，原产于北大西洋，20世纪中期开始人工养殖，现在养殖技术已经非常成熟，20世纪末期被引进我国后，很快就在海水养殖业中占据了一席之地。它肉质肥厚，全身无小刺，价格便宜，很受欢迎。在鲽形目鱼类中，鲆类和鲽类外形相似，容易混淆，北方地区一般将它们泛称为“偏口鱼”“比目鱼”，二者的区别可以简单记忆为“左鲆右鲽”，意思就是把鱼竖起来，看它的眼睛长在身体左侧还是右侧，鲆类在左，鲽类在右。

舌鳎

拉丁学名： Cynoglossidae spp.

别名： 鳎目鱼、龙脷鱼、龙利鱼

分类类群： 硬骨鱼纲 鲽形目 舌鳎科

形态特征： 全长20～50厘米，体极侧扁，细长呈舌状，左侧多为灰褐色，右侧白色；头圆钝，双眼位于左侧，口下位、歪斜；背鳍和臀鳍基部延长，尾鳍窄长。

原产地环境： 海水底层

舌鳎科的鱼类，在北京俗称鳎目鱼，念快了就是“鳎嘛”。在传统相声的绕口令中即有“打南边来了个喇嘛，手里提着五斤鳎嘛”，天津人喜食这种鱼，亲切地简称之为“目鱼”，大的做“熬鱼”，小的裹面糊或鸡蛋油炸。而在广东一带，舌鳎一类的鱼俗称为“龙脷鱼”，“脷”在粤语里是舌头之意，此鱼形似舌头，故而得名，有时也写作“龙利鱼”。加工时，经常只用它的净肉做成龙脷鱼排，北京市场上经常可见。不过那些便宜的龙脷鱼排都是巴沙鱼冒充的，真正的龙脷鱼肉颜色偏红，价格也比较贵。除了鱼排，北京市场上也可见到冰鲜的舌鳎，主要是渤海、黄海出产的半滑舌鳎（*Cynoglossus semilaevis*），它生活在浅海的底层，以小鱼和甲壳类动物为食，肉多刺少，是比较高档的海水食用鱼。

（摄影：唐志远）

格陵兰庸鲽

拉丁学名： *Reinhardtius hippoglossoides*

别名： 鸦片鱼

分类类群： 硬骨鱼纲 鲽形目 鲽科

形态特征： 全长1.5～3米，体极侧扁，呈椭圆形，右侧黑褐色，左侧白色；头三角形，双眼位于右侧，口端位、斜裂，下颌长于上颌；背鳍和臀鳍基部延长，尾鳍凹形。

原产地环境： 海水底层

格陵兰庸鲽产于北大西洋等寒冷海域，个体颇大，已有人工养殖技术，但还要依赖野生捕捞，目前野生种群的生存状况已受到威胁。21世纪初，北京餐馆曾流行一道菜“鸦片鱼头”，即是用此鱼的头部制成。“鸦片鱼”本是另一类比目鱼“牙鲆”名字的谐音，后渐渐转为指格陵兰庸鲽。它运到我国时都是冰冻的，躯干部分肉极厚，且因新鲜度不佳而不太鲜美，只有头部的肉较薄、较小，适合中国菜的烹饪方式，曾流行过一阵，现在物流发达，北京的鲜活比目鱼比比皆是，格陵兰庸鲽因此而乏人问津。

秋刀鱼

拉丁学名： *Cololabis saira*

别名： 竹刀鱼

分类类群： 硬骨鱼纲 颌针鱼目 秋刀鱼科

形态特征： 全长20～35厘米，体细长，侧扁，背部青灰色，体侧有一银蓝色纵带，腹部白色；吻长而尖，口端位，下颌长于上颌；背鳍后有6～7个小鳍，臀鳍后有7个小鳍，尾鳍深叉形。

原产地环境： 海水中上层

秋刀鱼广泛分布于北太平洋海域，原本是日本人喜食的海鱼，近年来传至我国，北京市场、餐馆中常见冻品。秋刀鱼可以做刺身生食，但是对新鲜度要求极高，放置时间稍长，就很容易变质，不能生吃，北京所见的秋刀鱼大都只适合烤着吃。秋刀鱼的消化道很短，摄食后半小时即会排出，它的内脏带一股苦味，烤熟后与焦香的鱼肉混合起来，别有一番风味。秋刀鱼的体内含有胆绿素，会让它的皮、肌肉和骨骼上带有鲜艳的蓝绿色斑点，虽然看着有些吓人，但并不影响食用，与秋刀鱼近缘的扁颌针鱼等种类也有类似的现象。

罗非鱼

拉丁学名： *Oreochromis* spp.

别名： 非洲鲫鱼

分类类群： 硬骨鱼纲 慈鲷目 慈鲷科

形态特征： 全长30～50厘米，体侧扁，略呈椭圆形，背部灰褐色，腹部白色，体表有黑色斑点；口端位；背鳍基部延长，尾鳍扇形。

原产地环境： 淡水中下层

罗非鱼是慈鲷科罗非鱼属中多种鱼类的统称，如莫桑比克罗非鱼（*Oreochromis mossambicus*）、尼罗罗非鱼（*Oreochromis niloticus*）等，还有一些杂交种，它们全都原产于非洲，故又名非洲鲫鱼，后经由越南传到我国，在越南语中的原名是“Cá rô phi”，意为“非洲鲈鱼”之意，中文音译为“罗非鱼”。罗非鱼价格低廉，但实际上肉质不错，细刺也不多，尤以半海水养殖的为佳，目前我国养殖比较普遍，有些现已逃逸到野外，造成严重的生态入侵问题。在南方一些河流浅滩中，有时会看到水底泥沙中有一些圆形的痕迹，那就是罗非鱼繁殖时留下来的。现在也有商家用罗非鱼的肉冒充鲷鱼肉，二者的外观较难区分，不过罗非鱼多少会带有一点土腥味，鲷鱼则没有。现在在市场上，常可见到一种名为“珍珠斑”的淡水

莫桑比克罗非鱼

鱼，它并非石斑鱼，而是与罗非鱼同科的花身副丽鱼（*Parachromis managuensis*），原产于南美洲，20世纪后期引入我国，作为观赏鱼和食用鱼养殖，在当时的北京水族花鸟市场的商品名叫“花老虎”，近年来常出现在菜市场上，很少有人养来观赏了。

尼罗罗非鱼

罗非鱼的白化品种，商品名为彩虹鲷

花身副丽鱼

鲻鱼

拉丁学名： *Mugil cephalus*

别名： 乌鱼、乌头

分类类群： 硬骨鱼纲 鲻形目 鲻科

形态特征： 全长50～60厘米，体延长，呈圆筒形，尾部稍侧扁，背部青灰色，腹部白色，体侧有数条纵暗带；头略扁，口端位，眼黑色；尾鳍深叉形。

原产地环境： 海水或淡水中下层

鲻鱼也称乌鱼、乌头，多成群活跃于海边泥质海底，尤其是河流入海口，它取食底泥里的有机物，适应能力很强，在淡水和半咸水中都能生存，是我国南方主要的养殖鱼类之一。鲻鱼的眼睛上覆盖着一层厚厚的、透明的脂眼睑，只在瞳孔处开口，所以外观很容易辨认。它肉厚价廉，但腹内鱼子加盐腌渍后为名贵的“乌鱼子”。早在魏晋时期，鲻鱼就是名贵的食用鱼，葛洪在《神仙传》里写到了仙人介象钓鲻鱼的故事，虽然故事是虚构的，但也说明在葛洪生活的东晋，鲻鱼就已经是高档鱼的代表了。

鲮鱼

拉丁学名： *Liza haematocheila*

别名： 梭鱼、赤眼鲻

分类类群： 硬骨鱼纲 鲻形目 鲻科

形态特征： 全长50～60厘米，体延长，呈圆筒形，尾部稍侧扁，背部青灰色，腹部白色，体侧有数条纵暗带；头略扁，口端位，眼红色；尾鳍叉形。

原产地环境： 海水或淡水中下层

鲮鱼的外形和鲻鱼十分相似，但鲻鱼的眼睛是黑色的，鲮鱼的眼睛黄里透红，俗称赤眼鲻，且鲮鱼的头部比鲻鱼更扁。鲮鱼的食性和鲻鱼类似，都是以底泥中的有机物为食，在河流入海口多见，长江口附近的渔获量很大。但鲮鱼的味道不如鲻鱼，在一年中的大部分时间，都有浓重的泥腥味，有时还有柴油味。唯有开春海冰刚化时的鲮鱼最肥美，称为开冰鲮或开凌鲮。

真鲷

拉丁学名：*Pagrus major*

别名：加吉鱼、嘉腊、嘉鱲、加腊

分类类群：硬骨鱼纲 鲷形目 鲷科

形态特征：全长30～70厘米，体侧扁，呈长椭圆形，背部和体侧淡红色，腹部白色，背部有零星蓝色斑点；头大，口端位；背鳍前段有发达的棘，尾鳍叉形。

原产地环境：海水底层

真鲷俗称加腊、加吉鱼，分布在印度洋和太平洋许多地区的沿岸近海，栖息在海水底层，为杂食性鱼类，以小鱼、虾、蟹和藻类等为食，现在已经可以人工养殖，市场上时有见到。每年春天，真鲷从韩国济州岛洄游到中国沿海产卵，这时的鱼肉最为肥美，山东人会把它和香椿芽一起焖。在福建厦门，人们还爱用真鲷鱼头炖白菜。古人认为真鲷全身最珍贵的部位是眼睛后面那块肉，明代《闽中海错疏》说："棘鬣与赤鬃，味丰在首，首味丰在眼，蒸葱酒为珍，十月味尤佳。"其中"棘鬣""赤鬃"都是真鲷的古名，现在它在我国北方的俗名"加吉鱼"和在南方的俗名"嘉腊"有可能就是从古名演变而来。

黄鳍棘鲷

拉丁学名：*Acanthopagrus latus*

别名：黄脚立、黄翅鱼

分类类群：硬骨鱼纲 鲷形目 鲷科

形态特征：全长30～40厘米，体侧扁，呈长椭圆形，背部和体侧青灰色，腹部白色；头大，口端位；背鳍前段有发达的棘，尾鳍叉形，腹鳍、臀鳍及尾鳍下叶黄色。

原产地环境：海水底层

黄鳍棘鲷旧名黄鳍鲷，俗称黄翅鱼，在广东也叫黄脚立，"立"可能是"鱲"的转音，即鲷鱼的意思。它生活在近岸浅海底层，是南方海边矶钓的热门鱼种，也是东南沿海地区人们喜爱的家常鱼，价格不贵，但肉鲜味美，没有细刺，可以清蒸、干煎，或做成汤后下面线，称为黄翅鱼面线。黄鳍棘鲷的体形往往不大，一条适合一人食用，北京市场偶有销售，识货者不多，只有懂行者才能得尝此味。

（摄影：唐志远）

黄鮟鱇

拉丁学名： *Lophius litulon*

别名： 蛤蟆鱼、老头鱼、结巴鱼

分类类群： 硬骨鱼纲 鮟鱇目 鮟鱇科

形态特征： 全长60～120厘米，体延长，呈圆柱形，体表光滑，体侧有许多皮须，背部黄褐色，有不规则网纹，腹部白色；头大而宽扁，口裂很大，端位；背鳍前段呈钓竿状，尾鳍扇形，胸鳍发达。

原产地环境： 海水底层

黄鮟鱇是中国沿海最常见的鮟鱇，它的口中没有黑色环纹，可用来与近缘的常见种类黑鮟鱇相区别，它生活在近海的深水处，头上的“钓竿”不会发光，而是模拟出碎肉的形状引诱猎物。有些深海鮟鱇的雄鱼个体非常小，附着在雌鱼身上，但黄鮟鱇并不是这样，雄鱼和雌鱼的体形差不多大。

黄鮟鱇全身没有小刺，肉质软嫩，可红烧、煮火锅或包饺子，最好吃的部分是肝脏，肥美异常，可以说是海中至味。北京市场上所见到的黄鮟鱇既有整鱼，也有分割、拆解取走肝脏后的鱼尾，虽然只有一小段，但是肉依然很多，而且价格便宜。黄鮟鱇身体柔软、

黏滑，宰杀时放在案板上不易下刀，挂起来操作就会比较方便。黄鮟鱇体内经常可以看到线形的异尖线虫，这是一种寄生虫，如果活着吃下，有可能会寄生在人体内，造成腹泻等症状，不过经过冷冻后一般都已死亡，鱼完全烹熟后就更不用担心影响健康了。

市场上的黄鮟鱇

被取走贵重肝脏的黄鮟鱇，售价就比较便宜了

单角鲀

拉丁学名：Monacanthidae spp.

别名：剥皮鱼、马面鱼、耗儿鱼、橡皮鱼

分类类群：硬骨鱼纲 鲀形目 单角鲀科

形态特征：体侧扁，呈长椭圆形；口小，端位，下颌凸出，牙齿坚硬；第一背鳍细长，尾鳍多截形。

原产地环境：海水中下层

单角鲀科的鱼类，在市场上一般称作“剥皮鱼”“马面鱼”“橡皮鱼”，常见销售食用的种类有单角革鲀（*Aluterus monoceros*）、丝背细鳞鲀（*Stephanolepis cirrhifer*）、绿鳍马面鲀（*Thamnaconus septentrionalis*）、棘皮鲀（*Chaetodermis pencilligerus*）等。“剥皮鱼”这个名字是说它们的皮坚硬厚实，处理时不刮鳞，而是在鱼鳃处割一刀，从此处可以把整张鱼皮剥下来，在我国南方地区的市场上，商贩售卖时，常展示这些鱼剥了一半皮的状态。热带海域的马面鲀类体内容易积累海藻毒素，尤其是单角革鲀、丝背细鳞鲀等种

丝背细鳞鲀

类的大型个体，最好避免食用。绿鳍马面鲀在我国沿海分布广泛，产量很大，它们游泳能力较差，白天栖息在海底，夜间浮到水面，因为头部的形状有点像耗子，所以四川人将绿鳍马面鲀和它的一些近缘种统称为“耗儿鱼”，作为川式火锅的涮品，它们肉多刺少，食用价值很高。在过去物流还不发达的时候，马面鲀这类的鱼在北京一度流行，俗称“橡皮鱼”，至今还有不少中老年人怀念其味道。

我国南方沿海地区市场上的单角革鲀

市场上的棘皮鲀

翘嘴鳜

拉丁学名： *Siniperca chuatsi*

别名： 鳜鱼、桂鱼、鳌花、花鲫鱼

分类类群： 硬骨鱼纲 太阳鱼目 鳜科

形态特征： 全长20 ~ 40厘米，体侧扁而高，背部明显隆起，背部褐色，腹部白色，体侧有不规则褐色斑块；头大，吻尖，口端位；尾鳍圆形。

原产地环境： 淡水中下层

市场上常见的鳜鱼有两种：大眼鳜（*Siniperca kneri*）和翘嘴鳜。大眼鳜分布于长江以南，翘嘴鳜在北方常见，北京市场出售的鳜鱼也多是翘嘴鳜。二者的区别是，翘嘴鳜眼小，口裂过眼，大眼鳜眼大，口裂不过眼。

鳜鱼自古以来就以美味著称，它有着淡水鱼中很少见的“蒜瓣肉”，细刺极少，味道鲜美。鲜活鳜鱼最好的烹饪方式就是清蒸，过去北京的饭庄、餐馆中也常有这道菜，一般都会加入肥肉、口蘑提鲜，老字号“西来顺”的传统做法还会用活螃蟹提味，味道更为鲜美。除了清蒸外，鳜鱼也有红烧、醋熘、糟熘、抓炒等做法，曾是过去北京餐馆中最常用的淡水鱼之一。

大口黑鲈

拉丁学名： *Micropterus salmoides*

别名： 黑鲈、河鲈、大嘴鲈鱼

分类类群： 硬骨鱼纲 太阳鱼目 太阳鱼科

形态特征： 全长30～40厘米，体侧扁，呈纺锤形，背部青灰色，腹部灰白色，体侧有排成带状的黑斑；口端位，大而斜裂；有两个背鳍，尾鳍浅凹形。

原产地环境： 淡水中下层

大口黑鲈也叫黑鲈、大嘴鲈鱼，因体侧有一条黑色粗线而得名，虽然外观和花鲈等鲈鱼有些相似，但实际上二者并非同类，亲缘关系比较远。大口黑鲈原产于北美洲，在当地是溪流垂钓的热门鱼种。20世纪后期引进我国，在广东等地开展人工养殖繁育，由于它味美价廉，近年来已迅速取代花鲈，成为“鲈鱼”一名在市场上的代表，经常被人与花鲈混为一谈，甚至在一些纪录片中，都被复原古菜谱的厨师当成了中国传统的鲈鱼加工，可以说是贻笑大方。由于大口黑鲈生活在淡水中，所以在北京也有“河鲈”这一商品名。不过，鱼类分类学中所说的河鲈另有其物，主要分布在我国新疆，北京市场上几乎见不到。

花鲈

拉丁学名： *Lateolabrax maculatus*

别名： 鲈鱼、海鲈鱼

分类类群： 硬骨鱼纲 鲈形目 花鲈科

形态特征： 全长30～80厘米，体长而侧扁，背部灰色，腹部白色，幼鱼体侧有黑色斑点；口端位，大而斜裂；有两个背鳍，尾鳍浅凹形。

原产地环境： 幼鱼生活在淡水中下层；成鱼生活在近岸浅海

花鲈俗称海鲈鱼，在自然状态下，幼鱼会从海里游进淡水，入冬时再回到海洋，最后在海中长大，主要在近岸浅海活动，性情凶猛，以小鱼、虾、蟹为食。目前北京市售的花鲈，多为养殖个体，价格便宜，肉质细嫩，没有小刺。

从古至今，鲈鱼一直作为鲜美食用鱼的代表被文人墨客称颂，如北宋范仲淹的“江上往来人，但爱鲈鱼美，君看一叶舟，出没风波里”。《后汉书》中有左慈钓松江鲈鱼的故事。在唐代之前，“松江鲈鱼”指的应该都是花鲈，明代李时珍注解曰“黑色曰卢，此鱼黑质白章，故名，淞人名四鳃鱼”，又说鲈鱼是“长仅数寸”，这说明到了明代，“松江鲈”这个名字已经开始指代杜父鱼科的松江鲈

（*Trachidermus fasciatus*，俗名四鳃鲈）了。近年来，北京市场上还有一种尖吻鲈（*Lates calcarifer*），也叫黄金鲈，它和花鲈同目不同科，现在在南方多有养殖，尾鳍为圆形，可以和浅凹形尾鳍的花鲈相区分。

尖吻鲈

市场上的养殖花鲈

珍珠龙趸

拉丁学名： *Epinephelus fuscoguttatus* × *lanceolatus*

别名： 珍珠斑、珍珠龙胆

分类类群： 硬骨鱼纲 鲈形目 鮨科

形态特征： 全长40～80厘米，体延长、侧扁，背部棕褐色，腹淡白色，全身有云纹状斑块和小黑点；口大，端位，下颌长于上颌；背鳍前段棘刺明显，尾鳍扇形。

原产地环境： 海水中下层

“石斑鱼”是一个统称，包含很多种类，北京市场上最常见的种类是珍珠龙趸。石斑鱼这一类群中的许多物种都可以杂交，在市场上见到的个体，很难简单分辨是否为纯种，只能以外观特征大致区分。珍珠龙趸就是一个人工杂交种，亲本为鞍带石斑鱼（*Epinephelus lanceolatus*，俗称龙趸石斑）和棕点石斑鱼（*Epinephelus fuscoguttatus*，俗称老虎斑），它的生长速度快，抗病力强，是目前养殖石斑鱼中最热门的品种，价格比其他石斑鱼便宜，肉多刺少，味道鲜美，鱼皮烹熟后富含胶质，是物美价廉的食用鱼。在华南地区，有些养殖的珍珠龙趸会逃逸到海中，与当地的原生种石斑鱼杂交，造成了基因污染，亟待控制。石斑鱼类的身体颜色受环境影响很大，即使是同一物种或品种的一个个体，在不同

的环境中，身体颜色也会不一样，如珍珠龙趸，鲜活时体色一般较浅，死后往往会变深，这一变色特性与许多海水鱼相反，有时可以用来辅助判断鱼的新鲜程度。

北京市场上常见的几种石斑鱼中，外形与珍珠龙趸近似的主要有棕点石斑鱼和点带石斑鱼（*Epinephelus coioides*）。棕点石斑鱼全身布满许多棕褐色小斑点，尾柄上方有一黑斑，价格比较高。点带石斑鱼俗称青斑，体侧有5条斜向暗带，死后更加明显，全身也有棕色小斑点，但比棕点石斑鱼的斑点大且稀疏，价格较低廉。

棕点石斑鱼

点带石斑鱼

豹纹鳃棘鲈

拉丁学名：*Plectropomus leopardus*

别名：东星斑

分类类群：硬骨鱼纲 鲈形目 鮨科

形态特征：全长40～60厘米，体延长、侧扁，背部隆起，身体底色红色或暗绿色，布满带黑边的蓝色斑点；口大，端位，下颌长于上颌；背鳍前段棘刺明显，尾鳍浅凹形。

原产地环境：海水中下层

豹纹鳃棘鲈俗称东星斑，“星”指的是它身上细小的圆斑如同满天星斗，主要分布于我国南海，具有多种色型，常见的是红色的和深绿色的。二者肉质没有区别，全都细腻鲜嫩，胜过绝大多数石斑鱼类，但红色个体在市场上更受欢迎。因二者颜色不同，导致市场上价格相差很大，红色型因为鲜艳喜庆，所以很受欢迎，价格高昂，在南方经常用于酒宴，而绿色型则少人问津。近年来，野生豹纹鳃棘鲈受过度捕捞影响，数量已经开始下降，需要保护，不过它的人工养殖技术已经成熟，可以供应市场，缓解野生资源的捕捞压力，而且在饲养过程中，还能通过投喂增色饲料的方式，使其颜色更红艳。另外，还有一种石斑鱼，名叫青星九棘鲈（*Cephalopholis miniata*），外形与红色的豹纹鳃棘鲈很相似，容易混淆，但豹纹鳃棘鲈尾鳍向内浅凹；而青星九棘鲈尾鳍接近圆形，不向内凹。

（摄影：唐志远）

青星九棘鲈

因整条的豹纹鳃棘鲈价格昂贵，所以我国南方市场上常切段销售（不同位置的鱼段，售价不同，北京市场上多见的是整条的小型个体，用保鲜膜包裹放在碎冰上）

驼背鲈

拉丁学名： *Cromileptes altivelis*

别名： 老鼠斑

分类类群： 硬骨鱼纲 鲈形目 鮨科

形态特征： 全长 40 ～ 60 厘米，体延长、侧扁，背部隆起，体表浅灰色，布满圆形黑点；头小而长；口大，端位，下颌长于上颌；背鳍前段棘刺明显，尾鳍扇形。

原产地环境： 海水中下层

驼背鲈俗称老鼠斑，幼体时的驼背鲈身体白色，布满黑点，对比鲜明，非常好看，可作海水观赏鱼，长大后体色变暗淡。驼背鲈和许多石斑鱼一样，也具有性逆转现象，随着生长会由雌变雄。

驼背鲈是极其昂贵的食用鱼，在石斑鱼中有“斑中之皇”的美名，肉质软嫩，最适合清蒸，如果炖煮过久，很容易散碎。野生驼背鲈的受威胁程度现已被国际自然保护联盟列为易危级别，需要保护，不过它的养殖技术已经成熟，海南等地都有人工养殖，可以供应市场。驼背鲈和鞍带石斑鱼能够杂交，杂交后代称作鼠龙斑。

圆鳍鱼

拉丁学名： *Cyclopterus lumpus*

别名： 海参斑

分类类群： 硬骨鱼纲 鲈形目 圆鳍鱼科

形态特征： 全长40～60厘米，体短粗，略侧扁，背部隆起，身体浅灰色，有许多小黑点，背部和体侧都有成列的瘤状凸起；口端位；尾鳍扇形，背鳍和臀鳍靠近尾鳍，腹鳍形成圆形吸盘。

原产地环境： 海水底层

圆鳍鱼原产于北大西洋的寒冷深海，近年来以冷冻品形式进入中国。它的外皮胶质感强，表面布满坚硬的沙砾状鳞片，质感似海参，故商品名为“海参斑”。圆鳍鱼的肉质细嫩，皮富含胶原蛋白，烹熟后如同甲鱼裙边一样黏滑，烹熟后连骨头都可以吃，食用价值很高，但因过于丑陋，少有顾客问津。圆鳍鱼烹饪前处理时，一定要将鳞片去除干净，否则非常影响口感，除鳞时可以先用热水浇，再用刷子或者钢丝球刷。雌性圆鳍鱼体内经常携带着许多淡黄色的鱼卵，可制成鱼子酱，包装上一般都会注明英文“lumpfish”，以便和鲟鳇鱼的鱼子酱区分。

多鳞四指马鲅

拉丁学名：*Eleutheronema rhadinum*

别名：马友鱼、午鱼、午笋

分类类群：硬骨鱼纲 鲈形目 马鲅科

形态特征：全长20～100厘米，体延长而侧扁，背部浅灰黑色，腹部白色，鳞片容易脱落；口端位，上颌长于下颌，前端圆钝；第一背鳍、第二背鳍、臀鳍近三角形，胸鳍边缘黑色，基部有3～4枚丝状鳍条，尾鳍深叉形。

原产地环境：海水底层

多鳞四指马鲅生活在近海和河流入海口的底层水体，胸鳍基部有3～4枚游离的丝状鳍条，“四指”之名即由此而来。这些鳍条有一定的触觉功能，可以帮助它们在海底泥沙中觅食，此外，它们的上颌长于下颌，也是适于挖掘泥沙的形态特点。多鳞四指马鲅和同属的四指马鲅（*Eleutheronema tetradactylum*）在我国东南沿海地区统称为马友鱼、午鱼等，二者形态上最主要的区别是胸鳍颜色：多鳞四指马鲅胸鳍边缘黑色，四指马鲅胸鳍边缘黄色。它们的食用价值基本相同，体内的脂肪含量都很高，味道鲜美，在我国南方地区被认为是上等的食用鱼。这两种四指马鲅属的鱼，鳃的体积相对较小，气体交换效率较低，出水后一经挣扎，会迅速缺氧而死，所以即使在原产地，市场上也几乎见不到活体。现在北京市场上有少

量出售的冰鲜个体，基本都是沿海地区人工养殖的产品，经过长途运输，新鲜程度有所下降，更适合煎、炖等烹饪方法。

胸鳍基部的游离鳍条

南方地区市场上的多鳞四指马鲅

大黄鱼

拉丁学名： *Larimichthys crocea*

别名： 大黄花鱼、黄花鱼

分类类群： 硬骨鱼纲 鲈形目* 石首鱼科

形态特征： 全长30～40厘米，体延长、侧扁，尾柄细，背部和体侧黄褐色，腹部淡黄色，有金色闪光；口端位；各鳍均为黄色，尾鳍楔形。

原产地环境： 海水中下层

*在最新的鱼类分类体系中，石首鱼科的目尚未确定，本书暂按旧体系标注为鲈形目。

大黄鱼曾是中国四大海产之一，主要出产于东海、黄海海域，但由于20世纪中后期滥捕过度，导致种群衰竭，目前市面所见大部分为人工养殖，野生个体十分稀少，价格昂贵。一般来说，野生大黄鱼刚捕捞出水时，即可看到通体闪金光的效果，如同金条一般，而养殖个体则需夜间捕捞才会更黄，若白天捕捞，身体则偏银色。

大黄鱼没有细刺，背部的肉洁白、厚实，北京民间称之为“蒜瓣肉”，不过肉质要比小黄鱼略粗糙，鲁菜和以鲁菜为基础的北京菜中，都有醋椒黄鱼这道名菜。老北京民间把大黄鱼和小黄鱼统称为黄花鱼，诗词中多有记载，其中清末《同治都门纪略》中有一首名为《黄花鱼》的诗写道“黄花尺半压纱厨”，描述的应该就是大黄鱼。在市场上，有时还能见到一些和大黄鱼外形相似的近缘物种，如白姑鱼（*Pennahia argentata*）和鮸鱼（*Miichthys miiuy*）。白姑鱼身体

为银色，胸鳍上方有一大黑斑，新鲜时胸鳍、腹鳍和臀鳍是黄色的。鮸鱼俗称“米鱼”“鳘鱼”，头较尖，身体为银色，鳔可制成花胶。

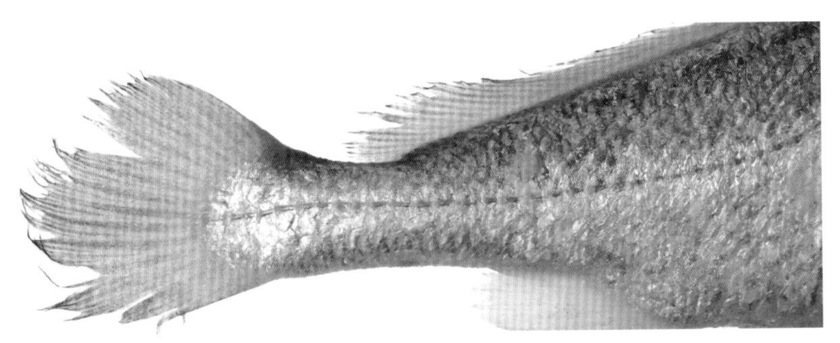

大黄鱼尾柄比较细长

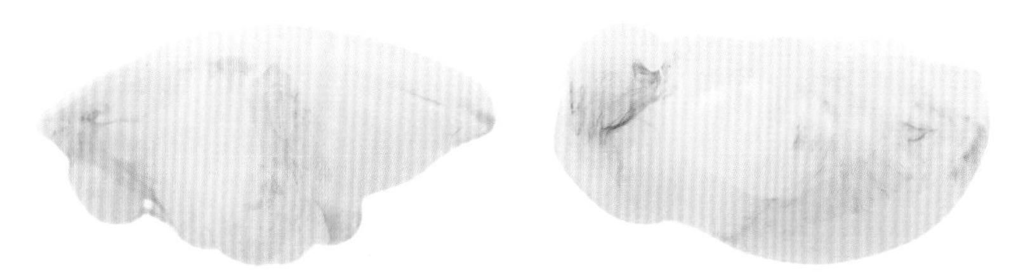

大黄鱼头颅内部的耳石

南方地区市场上的大黄鱼

小黄鱼

拉丁学名：*Larimichthys polyactis*

别名：小黄花鱼、黄花鱼

分类类群：硬骨鱼纲 鲈形目* 石首鱼科

形态特征：全长10～20厘米，体延长、侧扁，尾柄粗，背部和体侧黄褐色，腹部淡黄色，有金色闪光；口端位；各鳍均为黄色，尾鳍楔形。

原产地环境：海水中下层

*在最新的鱼类分类体系中，石首鱼科的目尚未确定，本书暂按旧体系标注为鲈形目。

小黄鱼的外形与大黄鱼十分相似，但体形较小，一般也就巴掌大，小黄鱼的背鳍起点到侧线之间有5行或6行鳞片，而大黄鱼的背鳍起点到侧线之间有8行或9行鳞片，但日常选购时，数鳞片区分会比较麻烦。二者还有一个主要区别是小黄鱼尾柄较粗，而大黄鱼尾柄较细。目前，小黄鱼的种群数量比大黄鱼乐观，沿海很多地方都有出产，一直是北京人喜欢吃的小海鱼，裹上面糊后油炸，即是“干炸小黄鱼”。小黄鱼除脊骨外几乎通身无刺，外皮香酥，鱼肉白嫩，蘸椒盐食用，特别好吃。

北京旧时有春天吃黄花鱼的习俗，清代《燕京岁时记》记载“京师三月有黄花鱼，即石首鱼，初次到京时，由崇文门监督照例呈进，否则为私活，虽有挟带而来者，不敢卖也”，就是说当时的黄花鱼每年要先送进皇宫尝鲜，之后才允许民间销售。

北京所说的黄花鱼，是大黄鱼和小黄鱼的统称，以小黄鱼居多。过去北京卖猪头肉的商贩都是吆喝“熏鱼儿”，他们也确实偶尔售卖熏小黄鱼，只不过不常有，绝大多数时间都是只卖猪头肉。不管是大黄鱼还是小黄鱼，头颅中都有一对坚硬的耳石，吃鱼时可多加留意，防止硌牙。

小黄鱼尾柄比较短粗

小黄鱼耳石

梅童鱼

拉丁学名： *Collichthys* spp.

别名： 大头梅、红花桃

分类类群： 硬骨鱼纲 鲈形目* 石首鱼科

形态特征： 全长10～20厘米，体延长、侧扁，背部灰黄色，体侧和腹部淡黄色；头大而圆，口端位；尾鳍楔形。

原产地环境： 海水中下层

*在最新的鱼类分类体系中，石首鱼科的目尚未确定，本书暂按旧体系标注为鲈形目。

梅童鱼属的鱼类，外形与小黄鱼相似，但头明显比小黄鱼大且圆，又称“大头梅”，因盛产于梅雨季节而得名，近年来在北京市场有少量销售，常见的是棘头梅童鱼（*Collichthys lucidus*），多被市民当成小黄鱼购买，烹饪方法也和小黄鱼差不多，适于裹面糊油炸。梅童鱼主要出产于我国东南沿海地区，在浙江、潮汕等地都很受欢迎，新鲜的个体适于清蒸，肉多无刺，吃起来很方便，潮汕人叫它“红花桃”，喜欢用豆酱煮。梅童鱼虽然属于石首鱼科，不过市售尺寸的个体头颅中的耳石一般都很小，吃的时候不容易发现。

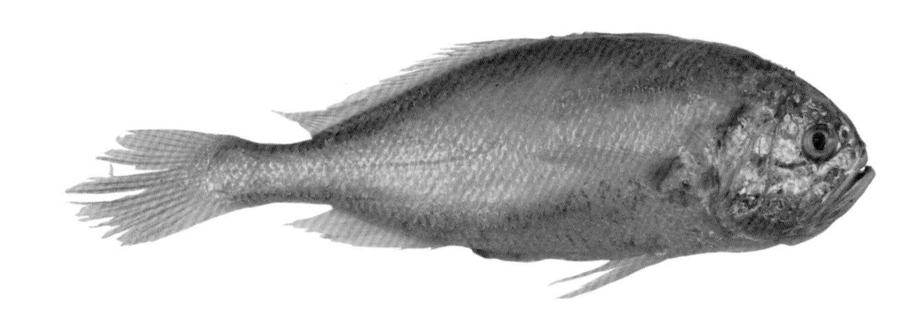

眼斑拟石首鱼

拉丁学名： *Sciaenops ocellatus*

别名： 美国红鱼、美国红鼓

分类类群： 硬骨鱼纲 鲈形目* 石首鱼科

形态特征： 全长50～70厘米，体延长而侧扁，呈纺锤形，背部浅黑色，体侧微红色，腹部白色，尾鳍基部有一黑色圆斑；头大，口端位；尾鳍微凹形。

原产地环境： 海水下层

*在最新的鱼类分类体系中，石首鱼科的目尚未确定，本书暂按旧体系标注为鲈形目。

眼斑拟石首鱼的商品名叫作美国红鱼、美国红鼓，它的外形很像大黄鱼，但不是黄色而是灰色的，体侧微红，尾柄上有一个大眼斑，有时会被真空包装，作为大黄鱼的伪品出售。眼斑拟石首鱼原产于美国大西洋沿岸及墨西哥湾，20世纪末期引入我国养殖，也可适应半咸水或淡水环境，生长迅速、产量很高、肉多刺少，但味道不如大黄鱼好吃，在北京市场上很常见。有些养殖个体逃逸后，已在我国自然海域形成了稳定的归化种群。

（摄影：唐志远）

多鳞鱚

拉丁学名： *Sillago sihama*

别名： 沙尖、沙锥、沙钻、沙丁

分类类群： 硬骨鱼纲 鲈形目*鱚科

形态特征： 全长10～20厘米，体延长，前段略宽，背部淡黄褐色，腹部白色；头长而尖，口端位；尾鳍浅凹形。

原产地环境： 海水底层

*在最新的鱼类分类体系中，鱚科的目尚未确定，本书暂按旧体系标注为鲈形目。

多鳞鱚是鱚科鱼类中分布最广的种类，我国沿海各地都有出产，是钓鱼爱好者很喜欢的目标鱼种，它在非繁殖季节多生活在近海的浅水区域，繁殖期迁徙到较深的海域。多鳞鱚平时一般栖息在沙质的海底，捕食小型底栖海洋动物，遇到惊扰后会潜藏在沙中，故而在沿海各地有沙尖、沙锥、沙钻、沙丁等俗名。在北京市场上出售时，多鳞鱚的商品名一般写作沙丁鱼，但和真正的沙丁鱼并非同种。真正的沙丁鱼是鲱形目鲱科的一些小型鱼类的统称，在海水中上层集群行动，取食浮游生物，捕捞后极易腐坏，鲜鱼基本不会出现在北京市场上，多是制成罐头出售；而多鳞鱚则可在北京买到冰鲜个体，它的肉质细腻，脂肪很少，含水量很高，适于煎炸食用。

市场上的多鳞鱚

蓝猪齿鱼

拉丁学名：*Choerodon azurio*

别名：青衣、四齿

分类类群：硬骨鱼纲 隆头鱼目 隆头鱼科

形态特征：全长20～40厘米，体椭圆形、侧扁，背部和体侧淡红色，腹部白色，成鱼胸鳍上方有黑色和白色的色带斜向延伸至背鳍；头大而凸，口端位；尾鳍截形、黑色。

原产地环境：海水底层

隆头鱼科的鱼类，大多生活在海底岩礁区域，其中有不少种类在东南沿海地区都是常见的食用鱼，统称为"青衣"。北京市场上有时可见冰鲜个体出售，最常见的种类为蓝猪齿鱼，"猪齿鱼"一名，说的是它口前端有比较明显的4颗牙齿，仿佛猪的獠牙。在广东，人们最初所说的"青衣"，指的是与蓝猪齿鱼同科同属的黑斑猪齿鱼（*Choerodon schoenleinii*），因其体色带有蓝绿色而得名。后来，"青衣"一名逐渐扩大范围，包括了蓝猪齿鱼和同目不同科的几种鹦嘴鱼，在这种情况下，黑斑猪齿鱼有时会被称作"正青衣"，用以表示它的"正宗"身份。蓝猪齿鱼虽然名字中带有"蓝"字，俗名也叫"青衣"，但体色整体其实是偏红色的，在食用价值上和黑斑猪齿鱼大致相仿。

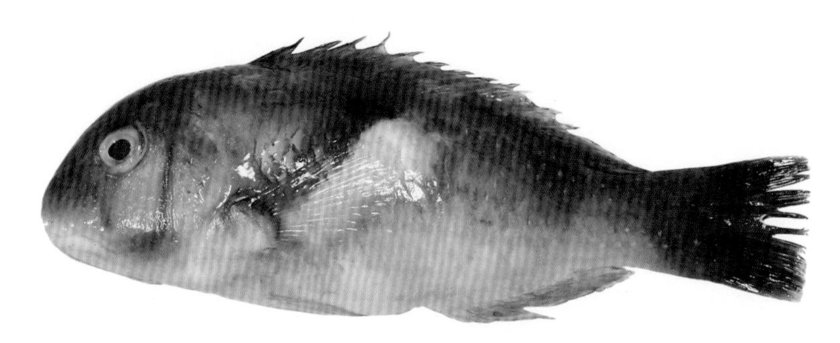

（摄影：唐志远）

蓝猪齿鱼有一大外形特点就是头顶凸起，显得头有些近似方形。在市场上，有时还能见到冰鲜的日本方头鱼（*Branchiostegus japonicus*），它也拥有近似方形的头部，体色也偏红，容易与蓝猪齿鱼混淆，它在外观上与蓝猪齿鱼有两个明显区别，一是体侧没有斜向的色带，二是尾鳍带有黄色条纹。

日本方头鱼

黑斑猪齿鱼（摄影：黄俊豪）

大眼鲷

拉丁学名：*Priacanthus* spp.

别名：大眼鱼、大目鲢、红目鲢

分类类群：硬骨鱼纲 大眼鲷目 大眼鲷科

形态特征：全长15～25厘米，体椭圆形、侧扁，背部淡红色，腹部银白色；头大，口上位，眼睛很大；尾鳍浅凹形。

原产地环境：海水底层

大眼鲷科中的多个物种，在我国沿海地区统称为大目鲢、红目鲢等，食用价值上一般不做细致区分，其中最常出现在北京市场上的是短尾大眼鲷（*Priacanthus macracanthus*）和长尾大眼鲷（*Priacanthus tayenus*）。短尾大眼鲷背鳍、腹鳍、臀鳍上有黄色斑点，尾鳍两叶不向后延长；长尾大眼鲷背鳍、臀鳍上无斑点，腹鳍上有黑色斑点，尾鳍两叶都有丝状延长。大眼鲷白天多生活在海底岩礁区域，夜间游到海水中上层觅食，巨大的眼睛可以帮助它们在昏暗的环境中更好地看清周围环境。它们可以通过取食虾、蟹等甲壳类动物获取红色的虾青素类物质，积累在皮肤上，使体表呈现出红色，而肌肉中则不积累色素，烹熟后为纯白色。大眼鲷的鳞片为栉鳞，小而密集，在皮肤上紧密着生，很难刮除，在烹饪时，可以在下锅前将带着鳞的鱼皮整体去除，也可烹熟后连皮带鳞一起揭掉。

长尾大眼鲷（摄影：唐志远）

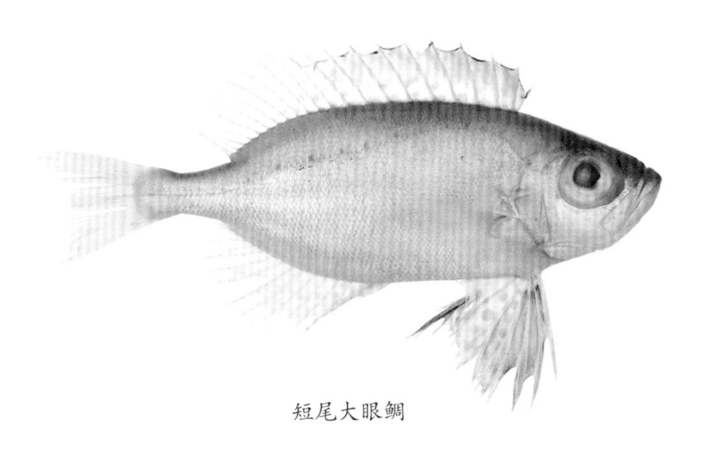

短尾大眼鲷

短尾大眼鲷鳍上有黄色斑点

市场上数种大眼鲷常混卖

牛蛙

拉丁学名： *Lithobates catesbeianus*

别名： 美洲牛蛙、北美牛蛙、美国牛蛙

分类类群： 两栖纲 无尾目 赤蛙科

形态特征： 全长15～20厘米，体表褐绿色，带有棕色斑点，后足发达，擅长跳跃。

原产地环境： 淡水沼泽

牛蛙原产于北美洲东部地区，它的体形巨大，叫声听起来有点像牛，故而得名。20世纪30年代，牛蛙零星传入我国福建厦门，后来消失。20世纪60年代，当时的古巴领导人卡斯特罗赠送给我国一批牛蛙，但并没有成规模养殖，反而是逃逸到野外。直到20世纪80年代，我国才真正开始养殖牛蛙供应市场。这之后，也有一些地方的养殖牛蛙逸为野生，构成了生态入侵问题，如果在野外发现，应当及时消灭，更不应该购买牛蛙放生。

中华鳖

拉丁学名： *Pelodiscus sinensis*

别名： 甲鱼、王八、团鱼

分类类群： 爬行纲 龟鳖目 鳖科

形态特征： 全长30～40厘米，背部灰褐色，腹部乳白色或带褐色斑块，背甲呈卵圆形，上有皮肤覆盖，周围有一圈裙边，吻部尖而凸出，形似猪鼻。

原产地环境： 淡水底层或岸边

中华鳖俗称甲鱼、王八、团鱼，在我国东部地区的河流、湖泊、水库中广泛分布，北京也有野生的，只不过近年来因为环境变化，越来越少见了，市场所见到的个体大多为人工养殖的。

中华鳖是水生动物，可以依靠口腔和直肠壁与水体进行气体交换，不需要经常浮上水面呼吸，出现在岸边时，多半都是上来晒太阳。中华鳖的全身软组织基本都可以食用，背甲边缘的一圈裙边最受人们欢迎，北京常见的烹饪方法是清炖、清蒸或红烧。市场上有时可见一种个头很大的鳖，外形与中华鳖相似，背甲前缘有许多颗粒状凸起，这是引进养殖的佛罗里达鳖（*Apalone ferox*），原产于北美洲，在一些地方逸为野生，造成生态入侵问题。

口虾蛄

拉丁学名： *Oratosquilla oratoria*

别名： 皮皮虾、虾爬子

分类类群： 软甲纲 口足目 虾蛄科

形态特征： 全长10～15厘米，身体淡青灰色，头胸部第二颚足成捕捉足，有锐齿，可折叠；尾节扁平、宽大，尾肢发达。

原产地环境： 浅海底层

口虾蛄俗称皮皮虾、虾爬子，是中国最常见的虾蛄，它喜欢在浅海的泥沙质海底中挖洞居住，洞穴形状类似“U”形，以捕捉足捕捉贝类、海胆等底栖小动物为食。口虾蛄的主要上市季节是在春季产卵前，这时它最为肥美，也比较容易分辨性别，雌性腹部前段（胸节）腹面一般有“王”字形的白色胶质腺，而雄性没有。另外，带卵的雌性烹熟后，身体往往会呈绿色，这是正常现象，不影响食用。

虾蛄这一类的动物，一般都用捕捉足来捕猎，捕食方式主要可分两种类型，一类叫穿刺型，捕捉足具有锐利的尖刺，擅长捕捉鱼、虾等行动迅速的猎物，还有一类叫锤击型，捕捉足形似坚固的锤子，适于击碎贝类、螃蟹的硬壳，口虾蛄即属于前者，捕捉足上有6枚长刺，挑选和烹饪时需要注意安全，避免刺伤。口虾蛄的尾部酷似

明代官员的纱帽，故也有“官帽虾”的俗称，海边小孩常在吃完虾后，把空的尾部套在手指上，当成戏曲人物玩耍做戏。

目前，口虾蛄的人工养殖还未大规模普及，市售个体基本都来自野外捕捞。早年间，海洋资源丰富，口虾蛄是一种上不得台面的海鲜，北京人不怎么吃它。近年来由于海洋资源衰竭，经典海产衰退，再加上拖网的广泛应用，大量口虾蛄从海底拖上来，成为热门的海鲜。但这种捕捞方式会破坏海底环境，属于不可持续的渔业，不应提倡。

口虾蛄尾部

虾蛄科的穿刺型捕捉足

猛虾蛄

拉丁学名： *Harpiosquilla* spp.

别名： 富贵虾

分类类群： 软甲纲 口足目 虾蛄科

形态特征： 全长20～30厘米，身体淡褐色，头胸部第二颚足成捕掠足，有锐齿，可折叠；尾节扁平、宽大，背面基部有一黑斑，尾肢发达。

原产地环境： 海水底层

猛虾蛄俗称富贵虾，有很多种，常见食用的是棘突猛虾蛄（*Harpiosquilla raphidea*）。它原产于东南亚地区，是一种大型虾蛄，能长到成人小臂长，可食部分比口虾蛄（皮皮虾）多，二者外形上的区别除了大小，还有一点就是棘突猛虾蛄尾节基部有一个黑点，而口虾蛄没有。过去，生鲜储存和运输业都不够发达，只有在广州、深圳等地的海鲜酒楼中，才比较容易见到猛虾蛄，它们大多产自东南亚，经由香港进口到内地，近年来随着仓储和物流的发展，北京的一些水产市场里，也开始出售冰鲜甚至鲜活的猛虾蛄了。

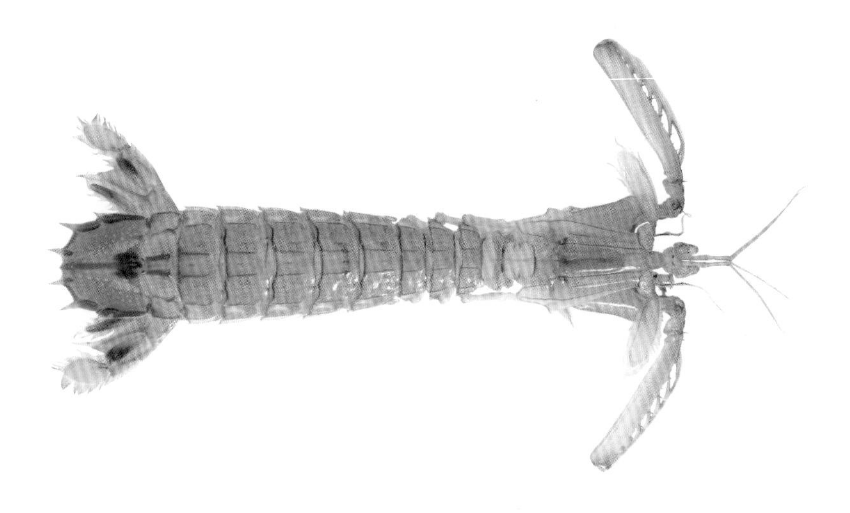

棘突猛虾蛄个体很大，可接近成年人小臂长度

日本沼虾

拉丁学名： *Macrobrachium nipponense*

别名： 小河虾、大眼贼

分类类群： 软甲纲 十足目 长臂虾科

形态特征： 全长3～8厘米，身体青灰色，半透明，有褐色斑纹，额剑尖而平直，螯肢发达。

原产地环境： 淡水近岸浅水处

日本沼虾是我国平原地区的河流、湖泊里常见的中型虾类之一，俗称“大眼贼”，齐白石水墨画中画到的虾，就是这种。在北方地区，日本沼虾一般做成干炸小河虾吃，早年间每到夏秋时节，北京什刹海、护城河附近，都有商贩专门捞虾、炸虾贩卖，很受酒客欢迎。而在江南，人们会把它用酒生腌，做成醉虾，或取虾子做成虾子面，取虾仁做成龙井虾仁等。日本沼虾有两根大螯，在水中行进时，姿态优美中带着威武，它是杂食性动物，会捕捉小鱼等水生动物，若将其养在水族箱中，经常会把所有小型鱼类捕食殆尽。现在在北京市场上，日本沼虾多以“小河虾”之名销售，不过有时其中也会混有中华小长臂虾（*Palaemonetes sinensis*）等种类，它们的食用价值没有很大差别。中华小长臂虾在北京各大静水水体（如公

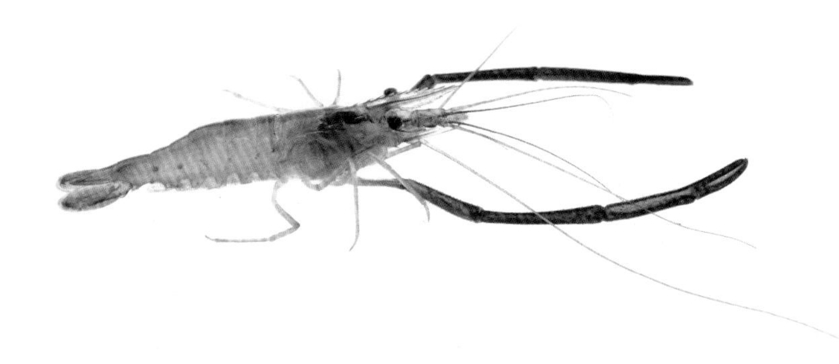

日本沼虾（摄影：唐志远）

园池塘）里数量很多，常沿着塘边悠悠游动，虽有一对大螯，但非常细弱，不细看看不出来，全身完全透明，点缀着一些斑点。在北京的花鸟鱼虫市场常有状态很好的活体售卖，用来当作龟、大型观赏鱼的活食。

中华小长臂虾的体形很小，远达不到日本沼虾的体形，大螯也很细小

秀丽白虾

拉丁学名： *Palaemon modestus*

别名： 太湖白虾

分类类群： 软甲纲 十足目 长臂虾科

形态特征： 全长3～6厘米，身体白色，透明，额剑有鸡冠状隆起。

原产地环境： 淡水中下层

秀丽白虾也叫太湖白虾，与银鱼、翘嘴鲌并称“太湖三白”，是太湖地区的名产，清代《太湖备考》中就有“太湖白虾甲天下，熟时色仍洁白”的描述，在其他水域也多有出产。它的外形颇似中华小长臂虾，但腹部没什么黑纹，更加“纯净”，死后也不会变红，而是从透明变成浑浊的白色。秀丽白虾的螯不如日本沼虾明显，是水族爱好者常养的观赏虾和工具虾（可吃缸中藻类），壳薄、肉质细嫩，味道鲜美异常，除了鲜食做菜，还可制成虾干。白天时，秀丽白虾一般潜伏在水底，夜间浮到水面，有趋光性，可用灯光诱捕。

罗氏沼虾

拉丁学名： *Macrobrachium rosenbergii*

别名： 泰国虾、罗氏虾

分类类群： 软甲纲 十足目 长臂虾科

形态特征： 全长15～40厘米，身体淡青蓝色，有棕黄色斑纹，半透明，额剑有鸡冠状隆起，螯肢发达，深蓝色。

原产地环境： 淡水近岸浅水处

罗氏沼虾原产于东南亚等亚洲温暖地区，又称泰国虾或罗氏虾，幼体生活在咸淡水交界处，成体生活在淡水环境中，目前在世界各地广泛养殖，产量很高。罗氏沼虾的体形颇大，蓝色的修长大螯格外吸睛，是其最显著的鉴别特点，有些个体的大螯甚至比身体还长，然而螯中肉极少，而且身体的大部分也被头胸部占领，虾身肉并不多，且易有土腥味，食用价值不是很高。不过每年9月至10月时，虾头中有大量虾黄，味道远胜虾肉，用炭烤、椒盐虾、柠檬虾等重口味烹调法可掩盖泥土味。

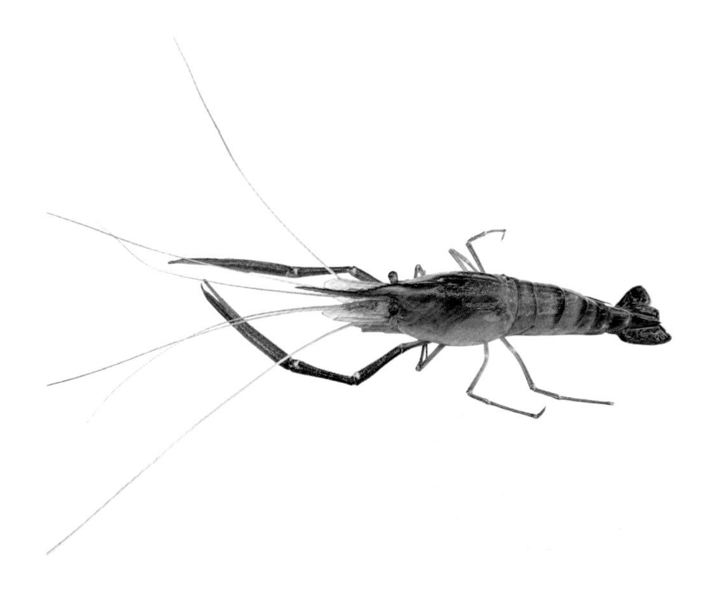

南美白对虾

拉丁学名：*Penaeus vannamei*

别名：凡纳对虾、凡纳滨对虾、海白虾、厄瓜多尔白虾、印度白脚虾

分类类群：软甲纲 十足目 对虾科

形态特征：全长10～20厘米，身体淡青灰色，步足常为白色，额剑较短。

原产地环境：近岸浅海底层或河流入海口

南美白对虾也叫凡纳对虾、凡纳滨对虾、海白虾、厄瓜多尔白虾、印度白脚虾，是北京海鲜市场最常见的海虾，也是全世界养殖产量最高的虾类。它生性强健，虽然是海虾，但是在纯淡水里也能生长，大小适中，价格便宜，肉质不错，可用各种方式烹饪，在中国对虾日渐稀少以后，它是一种非常好的替代品。很多人都认为南美白对虾味道不佳，实际并非如此，因为虾的味道除了与种类有关，和养殖环境也有很大关系，比如环渤海地区海水养殖或是逃逸到海水中长大的个体，就会比淡水养殖的味道好很多，并不次于一些价格昂贵的虾类。

斑节对虾

拉丁学名： *Penaeus monodon*

别名： 黑虎虾、草虾

分类类群： 软甲纲 十足目 对虾科

形态特征： 全长20～30厘米，身体棕褐色，背侧有9条白色横带，步足和游泳足黄蓝相间。

原产地环境： 近岸浅海底层

斑节对虾俗称黑虎虾、草虾，是一种大型对虾，如果生长环境合适，一只虾可以长到超过500克。北京市场上售卖的斑节对虾以小型个体居多，不过在东南亚地区，常可看到大型个体，当地的人工养殖产业很发达，出口量不小，价格便宜。斑节对虾的最显著标志就是腹部有模糊的白色横带，肉多而肥厚，壳也比较厚实，适于切开后焗烤食用。

日本对虾

拉丁学名：*Penaeus japonicus*

别名：花虾、斑节虾、竹节虾、基围虾

分类类群：软甲纲 十足目 对虾科

形态特征：全长10～25厘米，身体淡黄色，具许多褐色细横纹，尾尖蓝色。

原产地环境：海水底层

日本对虾俗称斑节虾、竹节虾，常有人把它和斑节对虾混淆，其实二者的外观不难分辨，斑节对虾个体硕大，身体以褐色为主，带有白色横带，而日本对虾体形相对较小，体色颇似斑马，身披边缘清晰的褐色条纹，尾部黄蓝相间。

日本对虾的甲壳较厚，肉质在虾中堪称一流，东南沿海市场可见成人小臂长的野生个体，北京市场一般售卖的是鲜活的中小型养殖个体，适合白灼、涮火锅，常被称为“基围虾”，但要注意的是，基围虾一名的原意是指养殖方式，而非物种，在我国华南地区，曾有人在河流入海口围起池塘，称为“基围”，用来养虾，用这种方式养出的虾就叫基围虾。基围虾养殖期间不用人工投喂，自有红树

（摄影：唐志远）

林滩涂的各种小生物供虾捕食，这种虾肉的口感基本等同于野生虾，所以在市场上大受欢迎。但由于新式虾塘普及，正宗的基围养法已几乎消失，仅剩商品名。在华南地区，最“正统”的基围虾物种为刀额新对虾，而北京所谓的“基围虾”，基本都是日本对虾。日本对虾在死后会迅速腐烂变质，所以捕捞后可以埋藏在湿润木屑中，能存活很长时间，方便运输。

日本对虾尾扇有黄蓝色带

鲜活的日本对虾，北京市场常称之为“基围虾”

中国对虾

拉丁学名： *Penaeus chinensis*

别名： 明虾、对虾

分类类群： 软甲纲 十足目 对虾科

形态特征： 全长10～20厘米，身体淡黄色或淡青色，额剑长。

原产地环境： 海水底层

中国对虾主要产自我国黄海、渤海，有洄游习性，它的体形较大，额剑长，成体雌性偏青色，而雄性偏黄色。民间传说它在海中雌雄成对生活，所以叫对虾，其实不然，名称来历只不过是沿海渔民出售时，常把它成对摆放。

在南美白对虾、日本对虾等种类普及前，中国对虾是北方市场常见的虾，北京民间一说到“对虾”，指的都是中国对虾。它壳薄肉厚，是“油焖大虾”等菜肴的主要材料。20世纪90年代，冬天在北京街头常有人蹲在路边售卖盒装的冷冻大对虾，现在因为野生资源

消耗严重，人工养殖又不火热，在北京市面上已不是主流虾种。因为中国对虾夏季活动较多，冬季沉到较深的海水底层，再加上渤海夏季禁渔，所以一般都在秋季捕捞，可以供应市场。要想区分中国对虾和与之外观相似的南美白对虾，可以观察它们头胸部上向前伸出的额剑，中国对虾的额剑较长，下缘有3～5个锯齿，而南美白对虾的额剑较短，下缘多为2个锯齿。

中国对虾额剑较长

南美白对虾额剑较短

中国毛虾

拉丁学名： *Acetes chinensis*
别名： 虾皮、虾米皮
分类类群： 软甲纲 十足目 樱虾科
形态特征： 全长1～4厘米，身体乳白色，微红，眼柄很长。
原产地环境： 浅海底层

中国毛虾在我国分布广泛，主产区是黄海、渤海，它的游泳能力弱，是许多海洋动物喜欢吃的食物，它虽然个体小，但是繁殖力强，产量很大，是我国捕捞量第一的甲壳类水产。中国毛虾捕捞上来后在地上铺平晾干，即是著名海产“虾米皮”，富含鲜味氨基酸，可撒在馄饨汤、蒸蛋上增加风味，只不过含盐量较高，一次不宜食用过多。晾晒发酵后可将其制成虾酱、虾油，北京涮羊肉的调料里，就会加入虾油。另外，值得得注意的是，虾米皮的嘌呤含量极高，高尿酸血症或痛风患者尽量不要食用。

北方长额虾

拉丁学名：*Pandalus borealis*

别名：甜虾、北极虾、北极甜虾

分类类群：软甲纲 十足目 长额虾科

形态特征：全长1～4厘米，身体淡红色，额剑长而向上弯曲。

原产地环境：深海底层

长额虾属的商品名叫作甜虾、北极虾、北极甜虾，其中最主要的一种就是北方长额虾。它主产自北大西洋海域的深海中，体内的生物酶活性高，死后会很快分解自身肌肉中的蛋白质，释放大量氨基酸，产生鲜甜味，故名“甜虾”。同时，肌肉蛋白分解后，肌纤维会断裂，使虾肉变得黏糯。我国进口的甜虾，绝大多数都是熟冻的个体，即捕捞上来后马上在船上加热、速冻、分装，化冻后即可直接食用。

现在在市场上，还经常看到生的“甜虾刺身”，这种吃法来自日本，所使用的多为和北方长额虾近缘的北国红虾（*Pandalus eous*），二者外形非常相似，很难区分，也有研究观点认为它们就是同一物种。有时候，甜虾的头胸部会发黑，这一般都是它生前吃下的藻类等食物的颜色，也可能是一类寄生在它们鳃腔里的甲壳类生物导致的颜色变化，虽然不太美观，但并不影响食用。

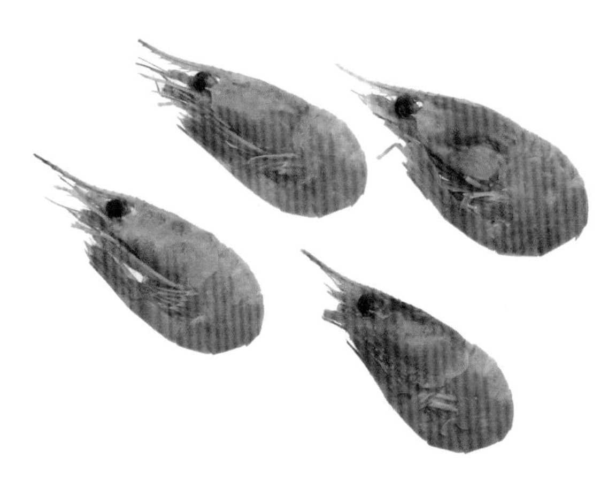

克氏原螯虾

拉丁学名： *Procambarus clarkii*

别名： 小龙虾

分类类群： 软甲纲 十足目 蝲蛄科

形态特征： 全长8～10厘米，身体暗红色，头胸部粗壮，甲壳坚硬，第一步足形成大螯，呈狭长钳状。

原产地环境： 淡水底层

克氏原螯虾在北京俗称小龙虾，它原产于北美洲，后作为牛蛙饲料引入日本，20世纪前期又从日本传到中国，现在我国各地被广泛养殖。在20世纪80—90年代，北京市场上常有大量供应，价格便宜，许多人都把它买回家清蒸，虽然肉质较粗，但在当时也是一种河鲜。近年来，由于麻辣小龙虾的流行，克氏原螯虾已成为夜市的热门食材。

克氏原螯虾在我国已经入侵到自然水体，破坏堤岸，挤占本土物种生存空间，构成了生态问题。虽然市场对其需求旺盛，但入侵个体的大小和质量都达不到上市要求，乏人捕捉，市售个体基本都是人工养殖的。网传“小龙虾是最惨的入侵物种，中国人都把它吃灭绝了”一说并不属实，事实正相反，正是因为人们吃它、养它，才造成和加速了物种入侵。

美洲螯龙虾

拉丁学名： *Homarus americanus*

别名： 波士顿龙虾、海螯虾

分类类群： 软甲纲 十足目 海螯虾科

形态特征： 全长20～60厘米，身体粗壮，甲壳坚硬，褐色、暗绿色或棕红色，第一步足形成大螯，发达而粗壮，呈钳状。

原产地环境： 淡水底层

美洲螯龙虾俗称波士顿龙虾，简称波龙，但它并非产自美国波士顿，而是广泛分布在北大西洋，主要产地有加拿大、美国缅因州等海域，因波士顿是其交易运输中心，故而得名。目前北京市面所售的美洲螯龙虾，大多为国外进口野捕个体，资源量不小，虽可人工养殖，但成本要高于野捕。美洲螯龙虾虽然中文俗名带有“龙虾”二字，但并不是真正的龙虾，它和龙虾在外观上最主要的区别是，龙虾没有螯，而美洲螯龙虾有两个威武的大螯，它除了腹部外，大螯内也有许多肉，比龙虾的可食部分多，但风味略逊。

新西兰岩龙虾

拉丁学名：*Jasus edwardsii*

别名：澳洲龙虾

分类类群：软甲纲 十足目 龙虾科

形态特征：全长30～60厘米，身体背部暗红色，头胸甲有黑色钝刺，腹面和步足淡黄色。

原产地环境：海水底层

新西兰岩龙虾也叫多刺岩龙虾，俗称澳洲龙虾，简称“澳龙”，产自澳大利亚、新西兰海域。它身体主色调为暗红色，平时居住在珊瑚礁缝隙中，一般网具不好捕捞，人们常在虾笼里放上诱饵来捕捉它。新西兰岩龙虾的食用价值很高，不过价格相对较便宜，目前，大洋洲捕捞量的90%都被出口到中国，北京市场上比较常见。

除了新西兰岩龙虾外，北京还能够见到几种龙虾，比如原产于我国的锦绣龙虾（*Panulirus ornatus*），它是龙虾中体形最大的种类，商品名叫“花龙”或“青龙”，全身五彩缤纷，触角和步足都有黄黑相间的环纹，故名“锦绣”。目前，野生的锦绣龙虾已被列入《国家重点保护野生动物名录》，不可捕捉食用，进口个体可以合法

食用，但在市场上很难分辨来源，出于生态保护方面考虑，不建议购买。

不过，还有一种常见的波纹龙虾（*Panulirus homarus*），商品名也叫“青龙”或“小青龙”，身体主色调为青绿色，但不像锦绣龙虾那样花哨，双眼间有橙色斑块，可以合法购买食用。眼斑龙虾（*Panulirus argus*）商品名为“古巴龙虾”，腹部有白色眼斑，比较容易辨认。

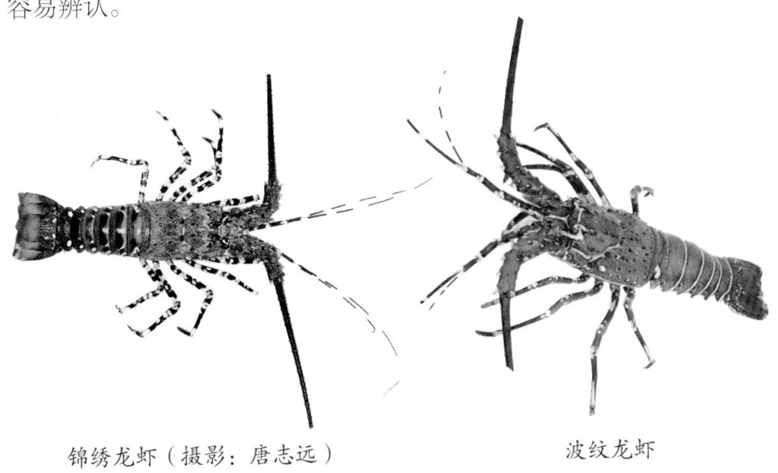

锦绣龙虾（摄影：唐志远）　　波纹龙虾

眼斑龙虾

三疣梭子蟹

拉丁学名： *Portunus trituberculatus*

别名： 白蟹、枪蟹、海螃蟹、梭子蟹

分类类群： 软甲纲 十足目 梭子蟹科

形态特征： 宽15～30厘米，头胸部背甲宽大、梭形，两侧呈棘状，灰绿色，上面有3个凸起；蟹钳粗壮、狭长，末对步足扁而宽。

原产地环境： 海水底层

三疣梭子蟹是我国产量最大、最常见的梭子蟹，过去北京人说吃“海螃蟹”，基本都是指它。三疣梭子蟹生活在海水底层，可以依靠发达的末对步足在水中划动游泳，有洄游习性，主要产于我国渤海、黄海和东海。它在冬春季节时的膏黄最为肥美，是沿海地区人们春节宴席常见的大菜，挑选时也有技巧，拿起蟹透光看，若甲壳的左右尖角不透明，并泛出红色，证明此蟹膏已满，若捏最后一对游泳足的基部时捏不动，就说明肉多。

青蟹

拉丁学名： *Scylla* spp.

别名： 正蟳、红蟳

分类类群： 软甲纲 十足目 梭子蟹科

形态特征： 宽10～15厘米，头胸部背甲宽大、近扇形，青灰色；蟹钳粗壮，有点状斑，末对步足扁而宽。

原产地环境： 潮间带、红树林的浅滩

青蟹属的物种，商品名一般统称为“青蟹”，其中在北京市场上最常见的是拟穴青蟹（*Scylla paramamosain*），它的大螯上有许多点状斑，是我国沿海地区普遍食用的4种青蟹中个体最小的一种，雌蟹食用价值胜过雄蟹，在市场上很受欢迎。它过去曾被当作锯缘青蟹（*Scylla serrata*）的亚种，后来独立成种，二者外形极为相似，真正的锯缘青蟹大螯上有网状“青筋”，个体巨大，北京市场几乎见不到；拟穴青蟹螯上的花纹一般呈点状而不是网状。货架上的青蟹常被很粗的尼龙绳绑着，绳子解下摊开后可以铺满一张乒乓球桌，此外还有用吸水皮筋、吸水棉布绑的，这些手法都是为了压秤。其实在海边原产地，青蟹只需用两根细细的扎带就可绑住，一般仰面朝天放置，防止逃跑。

（摄影：唐志远）

中华绒螯蟹

拉丁学名： *Eriocheir sinensis*

别名： 河螃蟹、大闸蟹

分类类群： 软甲纲 十足目 弓蟹科

形态特征： 宽4～10厘米，头胸部背甲圆方形，褐绿色；蟹钳有浓密绒毛。

原产地环境： 淡水底层

中华绒螯蟹成体生活在淡水中，幼体在海水中长大，因螯肢有绒毛而得名，民间一般俗称它为大闸蟹，“闸”字一说出自古时的吴方言“煠（音zha，意为水煮）”字的讹写，一说出自江南捕捉河蟹的一种竹闸式陷阱“蟹簖”。

现在北京市场上的中华绒螯蟹，大多来自辽宁盘锦、江苏高邮固城湖等地，以江苏的“阳澄湖大闸蟹”最受欢迎。不过，所谓“青背、白肚、黄爪、金毛”的特征，并不是阳澄湖大闸蟹的独有特点，不能用作判断依据。实际在清末、民国时，北京更流行吃北方产的

螃蟹,《清稗类钞》记载:“团脐之黄，则北蟹软而甜，若来自南者，硬而无味，远不逮也。”当时北京人最讲究吃天津胜芳镇出产的大闸蟹，称为“胜芳螃蟹”，不过那时京东、京南很多地方都有出产，并不仅限于胜芳一地。

秋季，螃蟹运到北京以后，先由正阳楼等大饭庄挑选上等品，剩下的才会送到前门外西河沿、东单、东四、西四等地的鱼店（鱼床子）销售，吃法一般都是蒸熟后蘸姜醋食用，也有些餐馆用蟹肉做烧卖、蒸饺的馅。清代杨静亭《都门杂咏》中有一首竹枝词写道“小有余芳七月中，新添佳味趁秋风。玉盘擎出堆如雪，皮薄还应蟹透红”，写的就是右安门外一家餐馆的蟹肉烧卖。

中华绒螯蟹最受欢迎的食用部位并不是肉，而是蟹黄和蟹膏，雌蟹体内的蟹黄，包括了肝胰腺和雌性性腺两部分，颜色均为黄色，雄蟹体内的蟹黄是它的肝胰腺，乳白色的蟹膏则是副性腺。雌蟹生殖系统的成熟时间比雄蟹略早，现在北京市场上的中华绒螯蟹，雌蟹一般是9月到10月品质最好，而雄蟹是10月到11月品质最好。

刚刚捕捞出水的阳澄湖大闸蟹

普通黄道蟹

拉丁学名： *Cancer pagurus*

别名： 面包蟹

分类类群： 软甲纲 十足目 黄道蟹科

形态特征： 宽15～20厘米，头胸部背甲近扇形，暗红色；蟹钳尖端黑色。

原产地环境： 海水底层

普通黄道蟹又称食用黄道蟹，因背甲形似面包，所以商品名为面包蟹，它原产于北大西洋和地中海等海域，个体硕大，甲壳厚重，肉很多，蟹黄含量极其丰富，一只雌蟹可以挖出一小饭碗的蟹黄，价格也不贵。普通黄道蟹在欧洲被广泛食用，各国为保护野生资源，规定了不同的捕捞尺寸，如英国南部海域仅允许捕捞背甲宽度14厘米以上的个体，而北部海域仅允许捕捞13厘米以上的个体，所以我国进口的普通黄道蟹，尺寸大小相差都不会太大。北京市场上可见熟冻和鲜活个体，熟冻个体风味不佳，适于炒或者焗，如果想品尝它的真正风味，最好还是购买鲜活个体。

首长黄道蟹

拉丁学名： *Metacarcinus magister*

别名： 珍宝蟹、黄金蟹

分类类群： 软甲纲 十足目 黄道蟹科

形态特征： 宽15～25厘米，头胸部背甲近扇形，棕色、淡红色或带紫色；蟹钳白色。

原产地环境： 海水底层

首长黄道蟹在国内的商品名叫珍宝蟹，是英文名jumbo crab的音译，原意为“巨型蟹”。它的体形硕大，附肢强壮有力，原产于北美洲西岸，加拿大和美国阿拉斯加都是主要产区，目前主要依赖于野生捕捞，原产地法律规定，首长黄道蟹捞上来以后，只有体宽超过16厘米的才允许保留，否则就要扔回海里，以保护野生资源。首长黄道蟹和普通黄道蟹一样，都是肌肉饱满、蟹黄丰富，不过有一点不同，那就是国内市场上出售的首长黄道蟹大多为鲜活个体，比较常见的熟冻普通黄道蟹风味更佳，二者外形上最明显的区别是，首长黄道蟹的蟹钳顶端白色，而普通黄道蟹的蟹钳顶端黑色。

伊氏毛甲蟹

拉丁学名： *Erimacrus isenbeckii*

别名： 毛蟹、红毛蟹、北海道毛蟹

分类类群： 软甲纲 十足目 角螯蟹科

形态特征： 宽10～12厘米，头胸部背甲近圆形，全身红色；蟹钳短粗，步足粗壮，表面布满硬毛。

原产地环境： 深海底层

伊氏毛甲蟹原产于太平洋西北沿岸的寒冷海域，因螯和步足上布满硬毛，全身红色，故而俗称红毛蟹。它的主要食用部位是步足和蟹钳中的肉，虽然肉量不算多，但是肉质鲜嫩，有独特的鲜甜味，是食用价值很高的海蟹，并且季节性不明显，一年四季的品质都相差不大。不过，伊氏毛甲蟹的食用历史并不悠久，从20世纪30年代才开始有日本人吃，现在在北京市场和餐馆中都可以见到，大多出产于俄罗斯，价格比较贵。伊氏毛甲蟹的远程运输常用干式运输法，即用泡水后的冰冷木屑埋住活蟹，既保持鳃部湿润，又可以减震，这样的蟹就算被人拿在手里也很少活动，想分辨死活，可以掀起并按压腹部，若是活的，此时便会开始挣扎。

灰眼雪蟹

拉丁学名：*Chionoecetes opilio*

别名：雪蟹、板蟹、松叶蟹

分类类群：软甲纲 十足目 突眼蟹科

形态特征：宽 10 ～ 15 厘米，头胸部背甲卵圆形，全身淡红色；蟹钳短小，步足粗而长。

原产地环境：深海底层

灰眼雪蟹的步足很发达，又粗又长，是它最主要的食用部位，可以生食或者涮火锅。市场所见的灰眼雪蟹，蟹壳上常附着一些半圆形颗粒物，这是蟹蛭的卵。蟹蛭是一种鱼类寄生虫，会在海底坚硬物上产卵，灰眼雪蟹坚硬的外壳也是它产卵的地方之一。蟹蛭的卵并不会影响蟹的健康，人吃了螃蟹以后，也不会寄生到人体内。日本还有“蟹蛭卵越多，蟹越肥”的说法，因为刚脱壳不久的蟹一般都没什么肉，而壳上卵多，说明蟹已经很久没有脱壳了，肉就会比较多。

堪察加拟石蟹

拉丁学名： *Paralithodes camtschaticus*

别名： 帝王蟹

分类类群： 软甲纲 十足目 石蟹科

形态特征： 宽20～30厘米，头胸部背甲近五边形，中央有“H”形凹陷，棕褐色；蟹钳短小，有6条粗而长的步足，全身都布满棘突。

原产地环境： 深海底层

堪察加拟石蟹分布于北太平洋的寒冷海域，如鄂霍次克海、白令海、堪察加半岛和阿拉斯加等地，俗称帝王蟹，其实它并不是真正的螃蟹，而是寄居蟹的近亲。它除了螯之外，只有3对步足，第四对步足极度退化，缩在背甲下方，需要掰开腹部才能看到，所以整体看上去是6条腿，而真正的螃蟹是8条腿。

几年前，堪察加拟石蟹初入北京市场时，所售多为熟冻品，肉质不佳，如今已有大量活体出售，皆为野生个体。捕捉灰眼雪蟹、堪察加拟石蟹的捕蟹工要在北太平洋的惊涛骇浪中航行，被称为世界上最危险的职业。和堪察加拟石蟹同属的扁足拟石蟹

（*Paralithodes platypus*，俗称油蟹）与它外形相似，但价格略低，二者外观上的区别是：堪察加拟石蟹头胸甲中央有一个“H”形凹陷，在“H”的下半部区域内，有6枚棘状凸起，而扁足拟石蟹是4枚。

最后一对步足平时藏在甲壳内

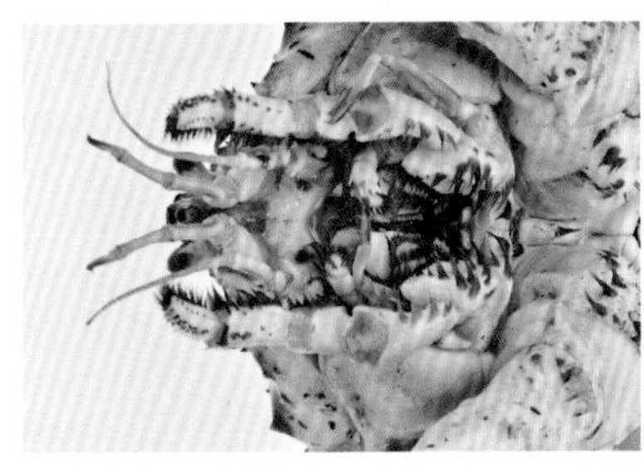
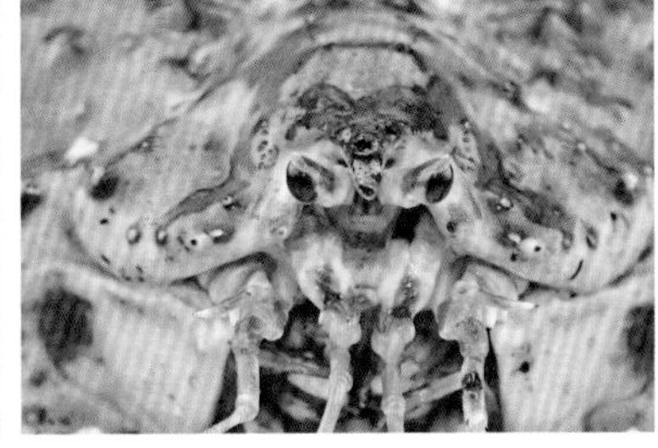

堪察加拟石蟹的口器

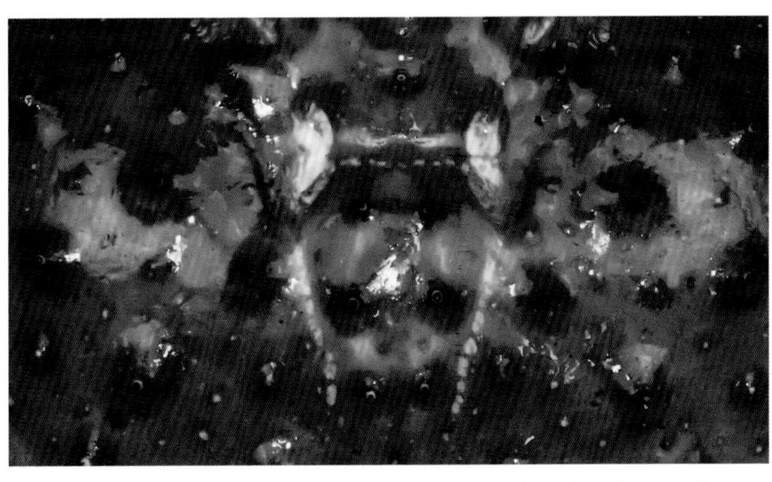

堪察加拟石蟹头胸甲中央的“H”形凹陷下半部区域内有6枚凸起

贻贝

拉丁学名： *Mytilus* spp.

别名： 海虹、淡菜、青口

分类类群： 双壳纲 贻贝科

形态特征： 贝壳楔形，长5～8厘米，壳面紫黑色，生长纹环形、明显；前闭壳肌退化。

原产地环境： 浅海海域底层

贻贝科的物种中可食种类很多，俗称海虹、淡菜、青口，它们喜欢集群生活在浅海和潮间带的礁石地区，很容易被人类采集。在我国沿海地区分布比较广泛的种类是厚壳贻贝（*Mytilus unguiculatus*），也是人们最常食用的贻贝之一，鲜品的主要吃法是蒸煮，也可爆炒，国内的西班牙式餐馆在做海鲜饭时，有时也会用厚壳贻贝来代替欧洲常见的贻贝种类。厚壳贻贝的肉煮后剖出晾干，叫作淡菜，口感和鲜贻贝不同，可用于各种烹饪方式，传统北京菜

中有一道“淡菜鸭子”，就是用淡菜、火腿、干笋等作为配料的清蒸鸭子。厚壳贻贝以雌雄异体为主，繁殖季节，雄性的生殖腺为乳白色或淡黄色，雌性的生殖腺为橙色，比较容易区分。北京市场上常见的贻贝，除了厚壳贻贝外，还有翡翠贻贝（*Perna viridis*），二者外观上的区别是，厚壳贻贝的壳黑色、厚实，而翡翠贻贝的壳带有明显的绿色，也比较薄。贻贝的壳上，基本都会长有一种淡黄色的丝状物，它的名字叫足丝，是贻贝利用足丝腺分泌出来的蛋白质纤维。贻贝足丝的附着能力很强，在水环境中也十分稳定，是材料学的一个热门研究对象。

翡翠贻贝

市场上的贻贝

毛蚶

拉丁学名：*Anadara kagoshimensis*

别名：瓦楞子

分类类群：双壳纲 魁蛤科

形态特征：贝壳近卵圆形，长4～8厘米，壳体厚实、表面有30～35条生长肋，白色，外有褐色毛状表皮；斧足橙色。

原产地环境：浅海海域底层

魁蛤科的贝类，一般也被统称为蚶，其中的许多种类，如毛蚶、泥蚶（*Anadara granosa*）、魁蚶（*Anadara broughtonii*）等，都是我国常见的食用贝类，北京市场上时有出售。毛蚶因贝壳外层有发达的毛状表皮而得名，但这并非它独有的特点，与之近缘的魁蚶同样有毛，二者的主要区别是：魁蚶体形一般比毛蚶大，贝壳长可达10厘米，壳表面的生长肋42～48条；而毛蚶的生长肋为30～35条。另外，魁蚶体内富含血红蛋白，肉呈血红色，所以也叫血贝、赤贝。另一类常见的种类泥蚶，则是生长肋17～20条，壳外没有

毛，肉红色，在东南地区有血蚶、血蛤等俗名。

这几种魁蛤科贝类的食用价值相差不大，在沿海地区经常是生食或者用开水简单汆烫后食用，以图其鲜味。但这种吃法很不安全，因为这几种贝类都生活在近海靠近河口处的泥沙质海底或滩涂，很容易接触到水体污染物，体内常常会富集致病微生物，充分加热后才能确保安全。

魁蚶

泥蚶

扇贝

拉丁学名： Pectinidae spp.

别名： 干贝

分类类群： 双壳纲 海扇蛤科

形态特征： 贝壳扇形，直径5～8厘米，左壳略凸，右壳平坦，壳顶有前后两个三角形耳，前大后小，颜色多样；后闭壳肌发达，呈圆柱状。

原产地环境： 浅海海域底层

北京市场上的扇贝种类很多，其中，除了体形较大的虾夷扇贝（*Patinopecten yessoensis*），还能看到中小体形的栉孔扇贝（*Chlamys farreri*）以及海湾扇贝（*Argopecten irradians*）。栉孔扇贝的壳肋上有明显的一粒粒凸起，且轮廓明显不对称，体形较小，形状像扇，所以叫扇贝。它主要栖息在浅海的岩礁、砂石地带，一般是左壳在上、右壳在下地平躺在海底，但也可以借助贝壳开闭时喷射出的水流，在水中短距离游泳。它是我国养殖量极大的扇贝种类，多放在网笼里，吊在海水中养殖。

海湾扇贝（红色型）

一般来说，双壳纲的软体动物壳内都有两个闭壳肌，不过扇贝这一类的前闭壳肌退化，只有一个后闭壳肌，而且非常发达，是它最主要的食用部位，肉厚而软嫩，味道鲜甜，晒干以后称作干贝，鲜味更加浓缩，适于熬汤。老北京传统菜有一道“干贝鸭子”，就是只用干贝作为配料清蒸鸭子，不加其他辅料。

把扇贝壳撬开后，除了最中央的闭壳肌，还能看到周围的鳃、消化腺、生殖腺等结构，以及环带状的外套膜（裙边），这些部分可以吃，但食用价值不是很高，消化腺和生殖腺中可能会富集较多的海水污染物或藻类毒素，虽然一般不会造成严重的健康问题，但若是不放心，也可弃之不食。

栉孔扇贝雌雄异体，偶尔也有雌雄同体现象，在初夏和秋季繁殖期，雄性的生殖腺为乳白色，雌性的生殖腺为橘红色，不过在非繁殖期，不管雌雄，生殖腺都是无色半透明。海湾扇贝原产于北美洲东岸，我国现在广泛引种养殖，它的壳左右比较对称，表面平滑，颜色多样，从暗淡的灰色、棕色到鲜艳的橙色、紫色都有，它是雌雄同体，每个个体都拥有乳白色的雄性生殖腺和褐红色的雌性生殖腺，并且可以和紫扇贝（*Argopecten purpuratus*）产生杂交后代。

海湾扇贝（紫色型）

虾夷扇贝

拉丁学名： *Patinopecten yessoensis*

别名： 帆立贝

分类类群： 双壳纲 海扇蛤科

形态特征： 贝壳扇形，直径7～14厘米，右壳略凸、黄白色，左壳平坦、紫褐色，壳顶有前后两个三角形耳，基本等大；后闭壳肌发达，呈圆柱状。

原产地环境： 浅海海域底层

虾夷扇贝因原产于日本北海道（古称虾夷）以北海域，故而得名，现在在我国养殖普遍，北京市场常见，两片贝壳一凸一平，颜色也不同，比较容易辨认。它的体形很大，壳的轮廓比较对称，肋上无颗粒状凸起，日本人觉得它贝壳宽大似船帆，所以叫它“帆立贝”。虾夷扇贝的主要食用部分也是闭壳肌（贝柱），大如象棋子，常被剖出来单独售卖。虾夷扇贝和栉孔扇贝一样，也是雌雄异体为主，繁殖期时，雄性生殖腺为乳白色，雌性生殖腺为橘红色。不管是哪种扇贝，食用的时候最好都去掉内部黑绿色的中肠腺，这里容易富集海水中的污染物，口感和味道也不好。

缢蛏

拉丁学名：*Sinonovacula constricta*

别名：蛏子

分类类群：双壳纲 毛蛏科

形态特征：贝壳长方形，长6～9厘米，轻薄，边缘常破损，外表黄绿色，常被磨损成白色。

原产地环境：浅海海底泥沙中

缢蛏是北京市场上最常见的蛏子，也是北京各餐馆做蛏子菜默认的食材。它具有两枚细长的贝壳，壳中部有一段缢缩的部位，故而得名。缢蛏栖息于滩涂或海底之中，在泥沙之中掘出一个竖直的洞穴，只把进、出水管伸在外面，一旦受惊就会缩到深处。沿海地区的渔民在捉蛏时，会找到它的洞口，然后往里面撒盐，蛏子感受到渗透压的剧烈变化，就会钻出洞来，被人捉到。缢蛏的肉肥厚鲜美，在北京餐馆中经常用于辣炒，吃的时候需要注意安全，因为包括缢蛏在内的各种蛏子，外壳都很薄，还经常在海水泥沙中变得残破，不仔细的话有可能会扎伤口腔。我国东南沿海地区会将蛏子加工成蛏干、蛏油，用于长期保存。《红楼梦》里乌进孝给宁国府进贡年货的清单里就有蛏干20斤，分量甚至还少于海参的50斤，可见在作者曹雪芹生活的清代，蛏干可能要比海参珍贵。

大竹蛏

拉丁学名： *Solen grandis*

别名： 大蛏子、大马刀贝

分类类群： 双壳纲 竹蛏科

形态特征： 贝壳长方形，长10～12厘米，轻薄，边缘常破损，外表黄褐色，常被磨损成白色。

原产地环境： 浅海海底泥沙中

大竹蛏的个体比缢蛏要大得多，外壳薄脆、光滑，合抱呈竹筒状，故而得名。它的进、出水管合为猪鼻子状，受惊后会如壁虎断尾般脱落成一节一节。在市场上，商贩常会把多只竹蛏绑在一起立起来，将进、出水管泡在水里，这样既可以保证竹蛏呼吸，延长保存时间，又能让它的斧足露出，向顾客显示其肉多。福建一带有个俗语叫“插蛏”，用来形容拥挤，来源就是大竹蛏的这种售卖方式。

我们在吃蛏子的时候，经常会发现它体内有一种透明的细圆柱状物体，形似牙签，有人以为是寄生虫，其实这是它们消化道中的一个结构，名叫晶杆，可以起到辅助消化的作用，并不影响食用。除了大竹蛏外，有时在市场上还能看到与它类似的长竹蛏（*Solen strictus*），二者的区别是大竹蛏的贝壳较短，长为高的4～5倍，而长竹蛏的贝壳细长，长为高的6～7倍。

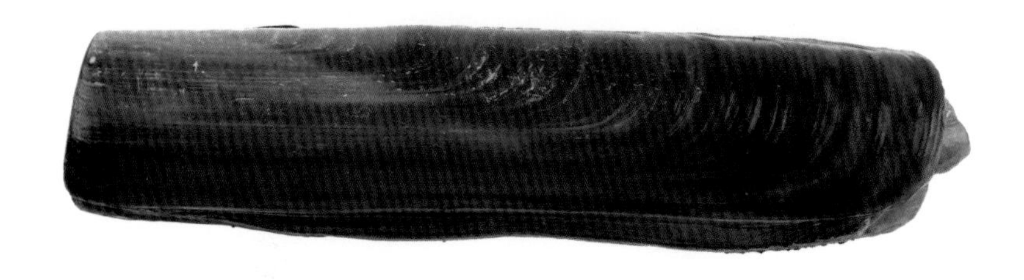

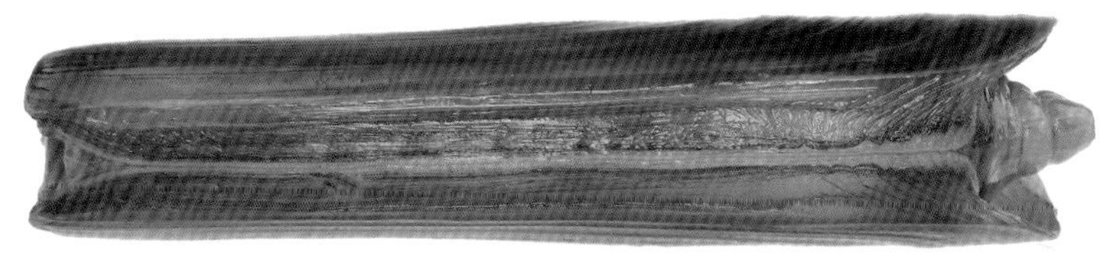

市场上的大竹蛏，进、出水管运输中受到刺激，一段段断裂，断掉脱落的部分称为“蛏鼻”，可做罐头

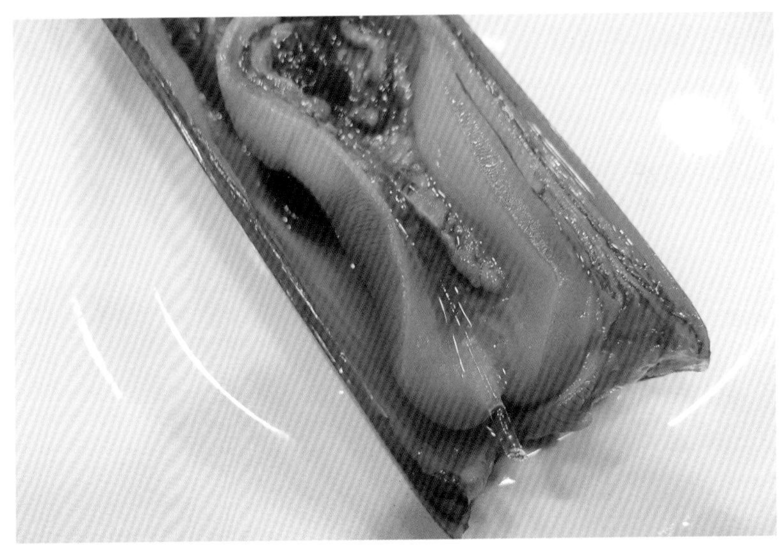

大竹蛏体内的透明细圆柱状物为晶杆，是它的消化器官

太平洋潜泥蛤

拉丁学名：*Panopea generosa*

别名：象拔蚌、女神蛤

分类类群：双壳纲 潜泥蛤科

形态特征：贝壳椭圆，长10～15厘米，白色，生长纹明显；进、出水管长而肥厚，伸出壳外不能缩回。

原产地环境：浅海海底泥沙中

太平洋潜泥蛤原产于北美洲，是世界上个体最大的穴居贝类，寿命可过百年，人工养殖的很多，在北京市场上常见鲜活个体出售。它的商品名叫作象拔蚌，“象拔”就是象鼻的意思，它生活时，在泥中深埋1米多，用长长的进、出水管与外界交换水和食物，水管不能缩回壳内，形状像象鼻，故此得名。有人认为水管颜色深的个体质量较好，并无科学依据。

烹饪象拔蚌时，要先用刀贴着壳切断闭壳肌，去掉贝壳，然后切下内脏团，剩余部分下锅汆烫几十秒后捞出，剥去水管外层皱皮，吃里面的肌肉，新鲜的个体可生食，也可快炒、白灼，如果加热过久，容易变硬。象拔蚌内脏团中的球形部分是肝脏，在南方被称作“象拔蚌胆”，多用于熬粥，不过内脏团容易富集海洋藻类毒素，所以不建议多吃。

（摄影：唐志远）

文蛤

拉丁学名： *Meretrix* spp.

别名： 蛤蜊

分类类群： 双壳纲 帘蛤科

形态特征： 贝壳略呈三角形，腹缘圆形，宽4～7厘米，有环形的褐色条带和放射状的花纹，生长纹清晰，内面无珍珠光泽。

原产地环境： 浅海海底泥沙中

文蛤属的贝类俗称蛤蜊，食用种类很多，如文蛤、丽文蛤、琴文蛤等，广泛分布于我国沿海各地，市场上经常不做仔细区分，混在一起出售。文蛤的贝壳光滑厚实，花纹多变，早年间北京商店中销售一种护肤品“蛤蜊油”，所使用的容器不是塑料、玻璃瓶罐，而是文蛤的空壳。文蛤多生活于岸边和浅海区域，整个埋藏在海底泥沙里，主要食用部位是斧足，肉多且鲜，不管是做汤、白灼、蒸蛋、做海鲜粥，都属于上品，山东半岛沿岸的青岛等地的人尤其喜欢吃它。紫菜在生活史中有一个阶段叫作壳斑藻，需要附着在贝壳里，我们有时会在文蛤等贝壳上看到红色的斑点和纹路，那就是壳斑藻，沿海一些地方在养殖紫菜的时候，也会投放文蛤壳作为培养基质。

菲律宾蛤仔

拉丁学名： *Venerupis philippinarum*

别名： 蛤蜊、花蛤、花甲

分类类群： 双壳纲 帘蛤科

形态特征： 贝壳略呈椭圆形，腹缘圆形，宽2～4厘米，颜色、花纹多变，内面无珍珠光泽。

原产地环境： 浅海海底泥沙中

菲律宾蛤仔在我国南北各地都普遍食用，也叫蛤蜊、花蛤、花甲，它生活在近岸浅海的泥沙地带，产量非常大，价格便宜，运输难度也低，在许多远离海边的内地城市中都有稳定的市场供应。它的体形虽小但肉很厚实，充满壳内，味道鲜美异常，青岛等地的人很喜欢吃它。近年来北京餐饮流行花甲粉、炒花蛤，所使用的贝类大多都是它。菲律宾蛤仔的壳面花纹变异很大，每只都不同，常常形成山峦层叠的图案，吃完后收集壳也是不少人的兴趣。菲律宾蛤仔原产于东亚地区，20世纪30年代时，与长牡蛎一起，随着船只扩散到北美洲，形成了定居的野生种群。

紫石房蛤

拉丁学名：*Saxidomus purpuratus*

别名：天鹅蛋、贵妃蚌

分类类群：双壳纲 帘蛤科

形态特征：贝壳卵圆形，宽7～12厘米，厚实，外表黄褐色或棕褐色，生长纹清晰，内面深紫色，有珍珠光泽。

原产地环境：浅海海底泥沙中

紫石房蛤因贝壳内面深紫色而得名，它的个体颇大，在市场上一般称之为“天鹅蛋”或“贵妃蚌”，是一种冷水性贝类，在我国只分布于北方地区的浅海沙地，是山东沿海的名贵海产。它目前还没有成熟的人工繁育技术，市场供应需要依赖野生捕捞。紫石房蛤的斧足比较小，主要食用部位是发达的前后闭壳肌，肉多而肥厚，充满壳内，看上去仿佛要撑开贝壳溢出来。文蛤、花蛤等其他小型蛤蜊煮熟以后，一般都能自然开口，但紫石房蛤不同，它往往需要在活的时候就用刀切断闭壳肌打开壳。紫石房蛤的内脏团较大，影响口感，一般都要去除掉内脏团后再烹饪。

青蛤

拉丁学名： *Cyclina sinensis*

别名： 环文蛤、赤嘴蛤

分类类群： 双壳纲 帘蛤科

形态特征： 贝壳圆形，宽2～4厘米，生长纹清晰，外表黄褐色，边缘紫色，边缘部分生长纹非常清晰，呈网纹状。

原产地环境： 浅海海底泥沙中

青蛤的贝壳圆形，亚成熟个体的外层边缘常带有一圈紫色，很容易辨认，元代《至正四明续志》中有记载“壳口有紫晕者甚美”，说的就是亚成熟的青蛤肉质饱满，又软嫩多汁，如果长得太大，肉质就会变硬了。现在，青蛤依然是我国市场上极常见的贝类，适合做成蛤蜊汤，煮熟后斧足呈淡黄色或橙黄色。梁实秋在《雅舍谈吃》中曾经写过，旧时北京的山东餐馆里，有一道名菜“炝青蛤”，就是把青蛤放在沸水中汆熟，放在盘子里洒上料酒、姜末、胡椒粉即可上桌，为上好的佐酒之物。除此之外，也有“芙蓉青蛤”，就是把青蛤肉剥出来，放在鸡蛋羹上。青蛤雌雄异体，春夏季繁殖期时，雄性生殖腺为乳白色，雌性生殖腺为淡黄色，可作为辨认依据。

波纹巴非蛤

拉丁学名： *Paphia undulata*

别名： 油蛤

分类类群： 双壳纲 帘蛤科

形态特征： 贝壳长卵圆形，宽4～7厘米，生长纹密集，隐约可见，壳面浅棕黄色或浅紫色，布满网状折线纹，无辐射纹，光滑。

原产地环境： 浅海海底泥沙中

波纹巴非蛤因外壳光滑油亮，所以在我国东南沿海地区俗称油蛤，也常和菲律宾蛤仔一起被统称为花甲、花蛤。北京以前很少见，近年来市场上开始出现。它的外壳狭长，壳面上有一排排清晰的网状折线纹，不是菲律宾蛤仔的那种山峦纹，它的主要食用部位是发达的斧足，鲜美度胜于菲律宾蛤仔。目前，我国市场上的波纹巴非蛤主要来自野生捕捞，还没有成熟的人工繁育技术。近缘的物种还有织锦巴非蛤（*Paphia textile*），外形和食用价值都与波纹巴非蛤差不多，区别是织锦巴非蛤壳更厚。

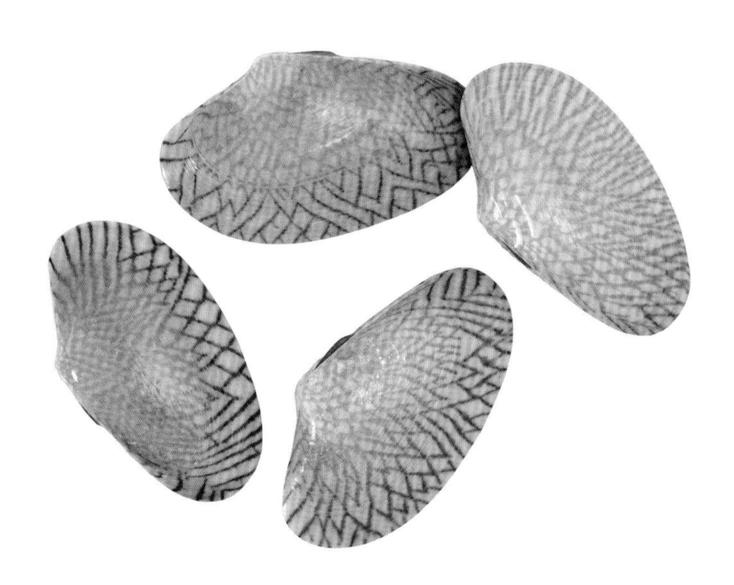

纹斑巴非蛤

拉丁学名： *Paphia lirata*

别名： 花蚶、芒果贝

分类类群： 双壳纲 帘蛤科

形态特征： 贝壳长卵圆形，宽4～7厘米，生长纹密集，隐约可见，壳面浅棕黄色，布满网状折线纹，有紫褐色辐射斑纹。

原产地环境： 浅海海底泥沙中

纹斑巴非蛤俗称花蚶、芒果贝，在我国，主要分布在东南沿海地区，潜藏在浅海海底的泥沙中生活，是我国南方市场上常见的贝类，以前只在南方销售，近年来普遍出现在北京市场。纹斑巴非蛤的体形较大，外壳有类似波纹巴非蛤的折线纹，但同时常有几条较粗的紫褐色辐射斑纹，可做区分，鲜活时贝壳常微微张开，露出橙红色的斧足。

四角蛤蜊

拉丁学名： *Mactra veneriformis*

别名： 白贝、白蛤、白蚬子、方形马珂蛤

分类类群： 双壳纲 马珂蛤科

形态特征： 贝壳略呈四角形，宽2～4厘米，厚实，两壳均向外膨胀凸出，白色，生长线粗大、清晰，内面白色。

原产地环境： 浅海海底泥沙中

四角蛤蜊又名方形马珂蛤，俗称白贝、白蛤、白蚬子，是我国黄海、渤海地区产量很大的贝类，潜伏于海底泥沙之中。四角蛤蜊个体较小，贝壳厚实坚硬，略呈四角形，故而得名，壳体为白色，但绞合部往往是紫色。它的价格低廉，味道也还算鲜美，但缺点是体内常混有许多沙子，吃起来让人感觉到“牙碜”，买回家后，需要养在净水中，待其吐沙，之后再烹饪。有些店家还会特别标明“白蚬（已净化）”，证明它已吐过沙，让消费者放心购买。

中国蛤蜊

拉丁学名：*Mactra chinensis*

别名：黄蚬子、中华马珂蛤

分类类群：双壳纲 马珂蛤科

形态特征：贝壳近三角形，宽4～6厘米，两壳均向外膨胀凸出，生长纹明显，外表黄褐色，有辐射彩纹，内面白色或带蓝紫色。

原产地环境：浅海海底泥沙中

中国蛤蜊又名中华马珂蛤，在东北地区俗称黄蚬子，它不仅贝壳为黄色，连斧足也是黄色的。我国黄海海域大量出产中国蛤蜊，全国各地均有销售，北京市场上的通常个头都不太大。在辽宁丹东，它可以说是当地特产，深受人们欢迎，一般的吃法是挑选本地出产的大个个体煮汤、辣炒，或者是放在炭炉上直接烧烤，烤熟后贝壳会自然张开，斧足形状细长、淡黄色，很秀气，不蘸调料味道就非常鲜美。市面上也可见到中国蛤蜊的干制品“黄蚬子干”，如黄蜡般半透明质感，做汤时投入几枚，可令汤汁鲜美。

库页岛马珂蛤

拉丁学名： *Pseudocardium sachalinense*

别名： 北极贝、北寄贝

分类类群： 双壳纲 马珂蛤科

形态特征： 贝壳近圆形，宽8～10厘米，生长纹清晰，外表棕褐色。

原产地环境： 浅海海底泥沙中

库页岛马珂蛤的商品名叫作北极贝或北寄贝，这些名字与北极没有直接关系，而是来源于日本北海道以北地区原住民的语言，这些地区以及更北部的西伯利亚沿海，也正是它的原产地。库页岛马珂蛤生活在浅海的细沙质海底，整个身体都埋在泥沙之中，野生捕捞时需要用拖网和高压水枪，对海底生态破坏很大，现在已有人工养殖技术，可以供应市场。

库页岛马珂蛤的主要食用部位是发达的斧足，生的时候暗紫褐色，煮熟后变成橙红色。北京市场上常见的都是经过清洗、分割、煮熟和速冻处理过的斧足成品，化冻后一般当作刺身直接吃，偶尔也能见到生鲜个体，适于烧烤和煮火锅。

牡蛎

拉丁学名： Ostreidae spp.

别名： 生蚝

分类类群： 双壳纲 牡蛎科

形态特征： 贝壳长条形，长8～15厘米，灰白色，厚重，表面不规则，往往有许多附着物。

原产地环境： 浅海近岸岩礁

牡蛎科中，有许多都可以食用的种类，市场上最常见的国产种类是长牡蛎（*Magallana gigas*），它的壳外形比较狭长，顶端还有黑白相间的条纹，在自然环境中多为群居，左壳附着在岩礁等坚硬物体上，养殖很多。

牡蛎最具有食用价值的部分就是生殖腺，前后闭壳肌很小，而且很难从壳上分离。牡蛎可以生吃，但是对品质要求很高，因为它很容易携带致病微生物和海水污染物，总体来说，还是烹熟食用比较安全。合格的牡蛎应该是双壳紧闭、无破损，没有异味和黏液，撬开以后，壳中液体应该清澈透亮，不能浑浊。活牡蛎在吃之前应该用流水冲洗，但不宜浸泡，因为浸泡时它会张开贝壳，细菌也会随之进去。

田螺

拉丁学名：Viviparidae spp.

别名：螺蛳

分类类群：腹足纲 田螺科

形态特征：螺壳圆锥形，高2～8厘米，绿褐色或黄褐色，壳口宽卵圆形。

原产地环境：淡水浅水区域底层

市场上所说的“田螺”“螺蛳”，是方形石田螺（*Sinotaia quadrata*）、中国圆田螺（*Cipangopaludina chinensis*）等物种的统称。其中，方形石田螺曾被叫作方形环棱螺，是我国最常见的淡水食用螺之一，广西的螺蛳粉中吊汤用的螺蛳，指的就是它，而不是动物分类学中所说的螺蛳属物种。20世纪90年代，北京流行过辣炒田螺，后来才被麻辣小龙虾的风潮所取代。方形石田螺雌雄同体，异体受精，受精卵在体内变成小螺后再生出来，所以有时吃螺时会咬到嘎吱嘎吱的小螺壳。方形石田螺个头一般不大，螺壳高2～5厘米，市场上有时会出售一种很大的田螺，螺壳高4～8厘米，它一般都是中国圆田螺。

皱纹盘鲍

拉丁学名： *Haliotis discus hannai*

别名： 鲍鱼

分类类群： 腹足纲 鲍螺科

形态特征： 贝壳椭圆形，长6～8厘米，螺塔退化，体螺层和壳口极大，坚硬厚重，边缘位置有一排小洞，外表面深绿色，内面银色，有彩色珍珠光泽；腹足大而平。

原产地环境： 浅海岩礁地带

皱纹盘鲍是我国养殖最广泛的鲍鱼种类，也是北京市场最常见的鲍鱼。在人工养殖技术成熟之前，就算是常见的皱纹盘鲍，也要依赖野生采集。它的腹足强韧有力，吸附在海底岩礁上很难取下，所以自古以来就是昂贵的海鲜。现在得益于养殖技术，皱纹盘鲍才能大量供应市场，在北京，一只才卖几块钱。

皱纹盘鲍的壳看似是一片，但其实是一个螺壳，只不过螺塔退化，仅存痕迹。它的壳上有不同颜色的条带，这是饲养时投喂不同

的海藻导致的，喂什么颜色的藻类，新壳就长成什么颜色，壳内层具有彩色光泽，可作为工艺品的原材料。

我们在市场上买活鲍鱼时，应当注意挑选吸附力强的个体，如果不能吸附在缸壁上，多为病弱或死亡个体。烹饪鲍鱼时，加热时间不宜过久，否则很容易变硬，如同皮革一般难以下咽。皱纹盘鲍除了鲜食外，也可做成干制品（干鲍）和罐头，干鲍的价格往往会比活体更为昂贵。

福建东山岛养殖皱纹盘鲍的鱼排

市场上的鲜活鲍鱼

方斑东风螺

拉丁学名：*Babylonia areolata*

别名：花螺、东风螺、方斑凤螺、象牙凤螺

分类类群：腹足纲 峨螺科

形态特征：螺壳长卵形，高5～8厘米，壳表面光滑，淡黄色，布满红褐色或紫褐色的长方形斑块，壳口半圆形。

原产地环境：浅海海域底层

方斑东风螺的螺壳上有雅致的斑块，俗称花螺，许多地方的海边小摊上，都会出售用它的螺壳制作的哨子。方斑东风螺的成体为肉食性，在自然界中，主要以小鱼、小虾和其他贝类为食，生长速度快，人工养殖时，一般都是投喂鱼肉之类的饲料。它们闻到肉味，就会从沙子里迅速钻出来，伸出长吻啃肉。它们虽然个体不大，但是味道鲜美，适于白灼或做汤。

脉红螺

拉丁学名： *Rapana venosa*

别名： 海螺、红里子

分类类群： 腹足纲 骨螺科

形态特征： 螺壳近梨形，高10～14厘米，螺旋部比较小，壳面有许多凸出的螺肋，壳口大，红色。

原产地环境： 浅海海域底层

脉红螺在北方沿海地区俗称“海螺”，产量很大，是旅顺、丹东等地的特产，也是北京市场上最为常见的海生螺类，肉质肥厚，味道鲜美，价格也不贵，壳体外表有橙色、乳白色、黑褐色等多种色型。它的卵袋产在礁石等坚硬物体表面，簇状，淡黄色或紫色，俗称“海菊花”。还有一种和脉红螺外形酷似的卡民氏峨螺也很常见，俗称香螺或响螺，二者的区别是，卡民氏峨螺的螺壳更瘦长，螺口较窄，而脉红螺的螺壳较宽大，螺口也大，螺口内部常为红色，俗称“红里子”。

瓜螺

拉丁学名： *Melo melo*

别名： 油螺、木瓜螺、椰子涡螺

分类类群： 腹足纲 涡螺科

形态特征： 贝壳长圆形，长10～12厘米，螺塔短，壳口宽大，淡黄色，有褐色的方形斑点；腹足淡黄色，布满深褐色条纹。

原产地环境： 海水底层

瓜螺主要分布在西太平洋的温暖海域，我国东南沿海有出产，北京市场上可见鲜活个体，它的肉和壳联结紧密，不易取出，沿海地区的人们一般是将它吊起或是稍微加热，即可把肉和壳分开。

瓜螺的肉很多，烹调过久容易变老，适于切薄片大火快炒，吃剩的壳可做工艺品。涡螺科的物种，食用价值大多与瓜螺类似，值得一提的是宽口涡螺（*Cymbium cymbium*）和它的一些近缘种，它们主要分布在非洲西部海域，当地人把它们的肉挖出，加工、包装好以后出口。它的肉外形与鲍鱼肉相近，但是要大得多，被起了“黄金鲍”“黄金鲍螺”等商品名，价格便宜，但是味道一般，如果烹饪不得法，很容易硬得咬不动。区分鲍鱼肉和宽口涡螺肉并不难，鲍鱼肉的后背位置有一短圆柱状凸起，而宽口涡螺肉则没有。

（摄影：唐志远）

扁玉螺

拉丁学名：*Neverita didyma*

别名：香螺、猫眼螺、大玉螺

分类类群：腹足纲 玉螺科

形态特征：螺壳半球形，螺塔低矮，高2～4厘米，壳表面淡黄褐色到淡紫褐色，壳口卵圆形。

原产地环境：浅海海域底层

扁玉螺也叫大玉螺，全国各地沿海都有分布，在各地的俗名很多，北京市场上可见鲜活个体，一般叫作“猫眼螺”。扁玉螺生活在靠近海岸的泥沙质海底，生活状态时，它的腹足会向外伸展，甚至反过来包裹住一部分螺壳，在沙上行走后，会留下一道清晰的印记，常有人在退潮后根据这道印记追踪捕捉扁玉螺。扁玉螺是肉食性螺类，主要捕食其他贝类，用腹足包裹住猎物后，会分泌出酸性物质腐蚀对方贝壳，取食里边的肉。我们在海滩上经常能够看到一些表面带小圆孔的贝壳，其中有许多都是扁玉螺留下来的。扁玉螺的肉很多，肉质偏硬，不过俗称“螺黄”的内脏团很发达，烹熟后口感类似蟹黄，受到许多人的偏爱。

乌贼

拉丁学名： *Sepia* spp.

别名： 墨鱼、墨斗鱼

分类类群： 头足纲 乌贼目

形态特征： 身体长圆形，肉鳍长在躯干周围，有8条腕和2条较长的触腕，贝壳退化，隐藏在躯干内，形似船，石灰质。

原产地环境： 海水中下层

乌贼也叫墨鱼，在北京俗称墨斗鱼，是多个物种的统称，我国沿海出产数种，市场上有鲜活个体供应，常见种类有乌贼属的金乌贼（*Sepia esculenta*）、虎斑乌贼（*Sepia pharaonis*）、拟目乌贼（*Sepia lycidas*）等。乌贼和鱿鱼最大的外观区别是，鱿鱼的肉鳍大多只长在躯干顶端，在海中主要依靠喷射水流快速前进，而乌贼的肉鳍一般长在整个躯干部的边缘，在海中经常依靠挥动肉鳍划水慢速游泳，遇到紧急情况才喷水逃走。乌贼的贝壳藏于体内，多为石

灰质，厚实似小船，也称“海螵蛸”，肉比鱿鱼、章鱼都厚，不宜整条烹饪，可以切条炒，打碎做成墨鱼丸、墨鱼滑，或者晒成墨鱼干。雌性乌贼的缠卵腺被称为“乌鱼蛋”，鲁菜和北京菜中的“乌鱼蛋汤”，就是用它制成的。乌贼体内有发达的墨囊，遇到危险时会喷出墨汁，迷惑敌人，这种墨汁有鲜味，可以用来和面擀皮，再以碎肉做馅，包成漆黑的墨鱼饺子。

生活状态的乌贼

乌贼的缠卵腺（乌鱼蛋）被剖出，放在盆中单卖

日本无针乌贼

拉丁学名： *Sepiella japonica*

别名： 墨鱼仔

分类类群： 头足纲 乌贼目

形态特征： 身体长圆形，体长10～15厘米，肉鳍长在躯干周围，有8条腕和2条较长的触腕，贝壳退化，隐藏在躯干内，形似船，石灰质。

原产地环境： 海水中下层

日本无针乌贼主产于我国东南沿海地区，“无针”指的是它石灰质的内壳末端没有骨针，成体和幼体都是常见的捕捞海产，现在也有人工养殖。市场上俗称的墨鱼仔，一般都是它们剥皮、去内壳后的幼体。乌贼通常单独行动，但日本无针乌贼喜欢成群结队，可形成渔汛。它尾端的尾腺经常分泌褐色物，故在日本有尻烧（屁股烧焦）和尻腐（屁股腐烂）的别名。墨鱼仔的肉比成体薄，适合整个食用，一口一个，不管是酱烧、涮锅、炒韭菜、做冒菜，都是绝佳的食材。

鱿鱼

拉丁学名： Ommastrephidae spp.

别名： 柔鱼

分类类群： 头足纲 管鱿目*

形态特征： 身体细长，肉鳍集中在躯干末端且多呈菱形，有8条腕和2条较长的触腕，贝壳退化，隐藏在躯干内，形似塑料片。

原产地环境： 海水中下层

*在一些较新的分类系统中，管鱿目被拆分，将本类物种归属于开眼目。

鱿鱼并非一个物种，而是头足纲管鱿目中多个物种的统称，多指开眼亚目的种类，如太平洋褶柔鱼（*Todarodes pacificus*），它的体形较大，价格便宜，不过肉质偏硬，比较适于烧烤，市面上的鱿鱼干、鱿鱼丝，大部分也是用它做的。鱿鱼的肉鳍只集中在躯干顶端，多呈菱形。鱿鱼的体形一般都比较细长，可以依靠喷射水流游泳，速度很快，腕的吸盘上往往有钩刺，贝壳退化成一个细长的透明角质内壳，藏在身体内。我国沿海虽然有一些鱿鱼分布，但是资源量较小，每年都需要派出大量渔船去美洲海域捕捞，再运回国内销售。捕捞鱿鱼的方法有钓和拖网两种，现在普遍都是用钓的。远洋渔船在捕上来鱿鱼以后，会将它们按照大小分别处理，小型的直接冷冻装袋，大型的会切割、分装，再冷冻储存。

烤鱿鱼

晾晒中的鱿鱼干

枪乌贼

拉丁学名： Loliginidae spp.

别名： 锁管、透抽、中卷、小卷、笔管鱿鱼

分类类群： 头足纲 管鱿目*

形态特征： 体长15～25厘米，身体细长，肉鳍集中在躯干末端且多呈菱形，长度超过躯干长一半，有8条腕和2条较长的触腕，贝壳退化，隐藏在躯干内。

原产地环境： 海水中下层

*在一些较新的分类系统中，管鱿目被拆分，将本类物种归属于闭眼目。

枪乌贼科也属于鱿鱼家族，其中许多种类都是我国沿海地区的常见海产，如剑尖尾枪乌贼（*Uroteuthis edulis*）、中国尾枪乌贼（*Uroteuthis chinensis*）等，它们的体形不大，与太平洋褶柔鱼等远洋鱿鱼是近亲，但分属不同亚目。太平洋褶柔鱼属于开眼亚目，眼睛表面没有透明膜；而剑尖尾枪乌贼等属于闭眼亚目，眼睛表面有透明的膜。另外，太平洋褶柔鱼的肉鳍比较短，长度一般也就相当

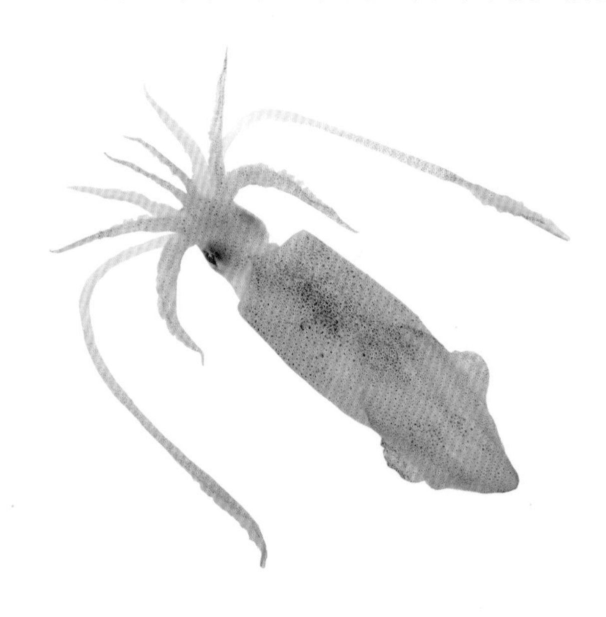

于躯干长的三分之一；而剑尖尾枪乌贼的肉鳍较长，长度一般超过躯干长的一半。北京市场上的各种枪乌贼，既有远洋捕捞的，也有近海出产的新鲜活冻个体。渔民们把它们从海中捞上来后，趁活着就急冻，可获得与活体几无差别的品质。新鲜的枪乌贼最适合用清蒸的方法来做，蒸后放葱浇热油，鲜美异常，也可切圈炒菜或是涮火锅。我国闽台地区习惯把枪乌贼类的物种按照体形大小分类出售，个体小的称作小卷或小管，个体大的称作中卷。此外，北京市场上还常见一种体长只有几厘米的枪乌贼，也称“小海兔”，它一般都是火枪乌贼（*Loliolus beka*），主产于我国渤海沿岸地区，俗名由来的一个说法是：火枪乌贼在水中行动迅速，就像兔子在地上奔跑一样。

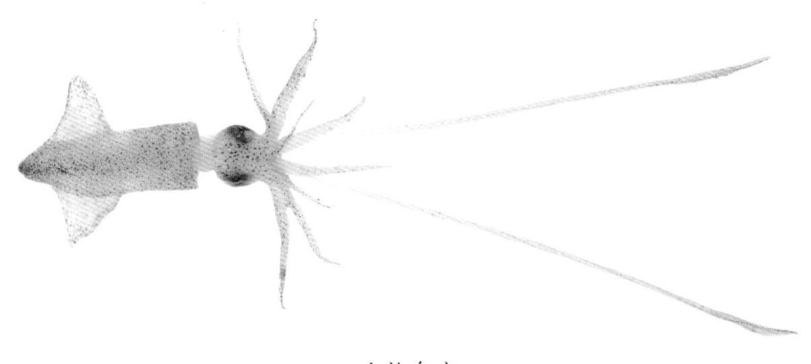

火枪乌贼

市场上的“小管”包含多个枪乌贼种类

真蛸

拉丁学名： *Octopus vulgariss*

别名： 章鱼、八爪鱼

分类类群： 头足纲 八腕目 蛸科

形态特征： 体长50～60厘米，躯干部囊状，头部和躯干部区分不明显，腕8条，体表颜色多为灰褐色或棕褐色。

原产地环境： 浅海底层

“蛸”是章鱼的别名，它们和乌贼、鱿鱼同属于头足纲，但是乌贼、鱿鱼有腕和触腕共10条，而章鱼有8条腕，所以在沿海很多地方都俗称它为“八爪鱼”。除了腕数量的区别外，章鱼的头部和躯干部的区分也不明显，躯干部呈囊状，一般没有发达的肉鳍。真蛸是我国沿海出产的常见章鱼，个体比较大，体表颜色会发生变化，多为灰褐色或棕褐色，煮熟后一般呈红色，体内也有墨囊，遇到危险后会喷墨逃生。我国北方地区一般不太爱吃真蛸，认为它个头大、肉厚，不好烹饪，日本人和韩国人吃得较多，把它的腕切片或切丁，

可以做成辣酱章鱼、章鱼小丸子等菜品。北京市场上售卖的真蛸，一般是热水烫过的腕，又红又坚挺，从腕上可以分辨出性别。一般来说，雄性个体的腕上吸盘大小不均，而雌性个体的腕上吸盘大小均匀、排列整齐。

雄性个体的吸盘常大小不均

晾晒中的章鱼干

短蛸

拉丁学名：*Octopus ocellatus*

别名：望潮、小八爪

分类类群：头足纲 八腕目 蛸科

形态特征：体长10～25厘米，躯干部囊状，头部和躯干部区分不明显，腕8条，较短，体表黄褐色，眼旁有金色环斑。

原产地环境：浅海底层

短蛸是我国市场上常见的小型章鱼种类，在沿海地区俗称小八爪，很受人们欢迎。南宋的《宝庆四明志》记载："章鱼以大小呼之，石拒如斗，章举如升……章举之又小者曰望潮，身一二寸，足倍之。"至今，我国沿海还有许多地方把短蛸或长蛸的小型个体称作"望潮"。短蛸的腕很短，末端常打卷，双眼旁边各有一个金色环斑，很容易辨认。短蛸的个体小，可整只烹饪，体内有时会有卵，称为"米"，这种有卵的短蛸被日本人称为"饭蛸"。短蛸的味道相当鲜美，适于白灼、清炒，不过因为整只烹饪时不会特地除去墨囊，所以往往会吃得人满口黑色。

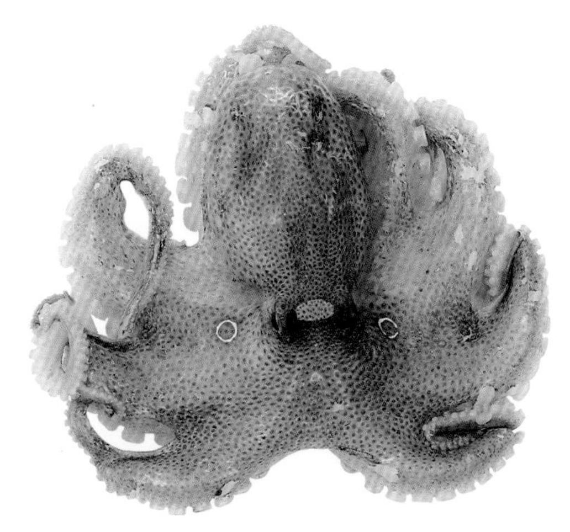

（摄影：唐志远）

长蛸

拉丁学名：*Octopus variabilis*

别名：望潮、小八爪、长腿八爪

分类类群：头足纲 八腕目 蛸科

形态特征：体长40～50厘米，躯干部囊状，头部和躯干部区分不明显，腕8条，长短不一，第一对最长。

原产地环境：浅海底层

长蛸俗称小八爪、长腿八爪，小型个体在浙江沿海等地也被称作“望潮”，它的躯干部不大，但是腕很长，尤其是最前端的一对腕，能占身体全长的80%，这是它在海底泥沙中挖洞的主要工具。长蛸是北方沿海广泛食用的章鱼，也是北京酒楼里最常见的活体章鱼，适于白灼、红烧和爆炒。它的腕占比较大，吃起来的口感要比短蛸更有嚼劲。和短蛸一样，长蛸在整个烹饪时，一般也不会去除墨囊，很容易吃得满口黑色。韩国有一种传统菜肴“活章鱼”，所使用的主要种类也是长蛸。

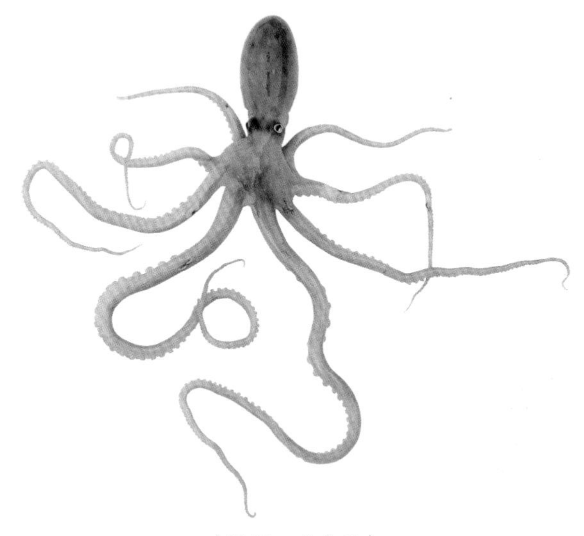

（摄影：唐志远）

刺参

拉丁学名： *Apostichopus japonicus*

别名： 辽参

分类类群： 海参纲 海参目 刺参科

形态特征： 全长20～40厘米，身体圆筒形，背面有数个圆锥状肉刺，黑褐色、黄褐色或灰白色，体内有许多微小骨片。

原产地环境： 浅海底层

海参在我国是历史悠久的海产，三国时期就有人吃它，只不过当时叫作“土肉”，明代晚期的《五杂俎》中首次记载了“海参”一名。北京过去也把海参当作珍贵食材,《红楼梦》中描写乌进孝给宁国府送年货，其中就有海参50斤，可见清代时海参在北京饮食中的地位。老北京烹制海参最著名的饭庄当数“丰泽园”，它的名菜“葱烧海参”享誉中外。

可食用的海参有许多种，北京市场上最常见的种类是刺参，它的身体背面有几个不规则的肉刺，故而得名，南方市场上还可见到黑海参（*Holothuria atra*）、黄疣海参（*Holothuria hilla*）等种类。我国北方冷水海域的刺参品质最佳，辽宁出产的称作“辽参”，现在养殖也很广泛，一般采用放养法，即把苗种撒在特定海域，任其在海底爬行取食，长大后再捕捞上来，这样可以使刺参接近野生的品质。包括刺参在内的许多海参，一旦离开海水或是碰到了油，就会

发生自溶，所以收获后一般都要及时加工成干制品。有一些不法商贩在干制海参时会加大量糖撑重量，购买时需注意鉴别，如果海参外形特别饱满，断面还有甜味，就很可能掺了糖，最好不要买。

活体刺参

黑海参

黄疣海参

海胆

拉丁学名： Echinoidea spp.

分类类群： 海胆纲 海胆目

形态特征： 身体半球形，体表五辐射对称，背面具有许多棘刺，腹面有步带沟，其中伸出许多管足。

原产地环境： 浅海底层岩礁地带

海胆的食用部位是生殖腺，每个海胆体内都有5瓣生殖腺，虽然它是雌雄异体，但雌、雄生殖腺的外形和颜色十分相似，肉眼难以区分。海胆的成熟生殖腺滋味鲜甜，非常好吃，但活体不好挑选，即使是同一个海胆体内的生殖腺，每瓣的品质也会有差异。中式吃法是把蛋液倒进海胆壳蒸熟，做成海胆蒸蛋，日式吃法是把生殖腺剥出生吃或盖寿司。

北京市场上常见的食用海胆有紫海胆（*Anthocidaris crassispina*）、马粪海胆（*Hemicentrotus pulcherrimus*）和虾夷马粪海胆（*Strongylocentrotus intermedius*），它们的生殖腺比较相似，但整

体外观上不难分辨。紫海胆的活体有很长的棘刺，体表紫黑色，主要产于日本和我国东南沿海，生殖腺偏黄色。马粪海胆个头较小，棘刺很短，外壳有明显的五棱，体表棕褐色或褐绿色，很像马粪，故而得名，多产自我国北方沿海，生殖腺橙色。虾夷马粪海胆个头很大，棘刺短，体表紫红色，生殖腺橙色，原产于日本北海道以北的海域，我国在20世纪末期引进，现在各地普遍养殖。我国南方海域出产一种白棘三列海胆（*Tripneustes gratilla*），也可食用，俗名“花胆”。

海胆的主要食用部位为生殖腺

南方地区常食用的白棘三列海胆

海蜇

拉丁学名： *Rhopilema esculentum*

别名： 面蜇、绵蜇

分类类群： 钵水母纲 根口水母目 根口水母科

形态特征： 伞部半球形隆起、半透明，暗紫色或深红色，直径50～100厘米，口腕部分成8瓣，有许多缺裂，下方有棒状和须状附属器。

原产地环境： 近海表层

海蜇属中有几种可以食用，其中我国北方养殖最多的海蜇种类就是海蜇，也叫面蜇、绵蜇。它体形巨大，伞部（海蜇皮）半球形，紫色或深红色，口腕部（海蜇头）深红色。海蜇捞上来以后，要马上用明矾和盐处理，否则就会迅速化成一摊水，具体的方法俗称“三矾两盐”，即先用明矾水浸泡海蜇，然后捞出沥干，撒上明矾和盐的混合物腌制，几天后再重复一次，就制成了市场上所见到的海蜇皮和海蜇头了，它们口感爽脆，在北京一般用于拌凉菜。实际上，海

蜇身上除了海蜇皮和海蜇头，还有两块能吃的部分，它们是海蜇伞部内表面的膜（俗称海蜇里子）以及口腕基部和生殖腺（俗称海蜇脑子），取下后需要用沸水汆烫，是老饕更喜爱的部位，只不过难以保存，只有到海边才比较容易吃到。

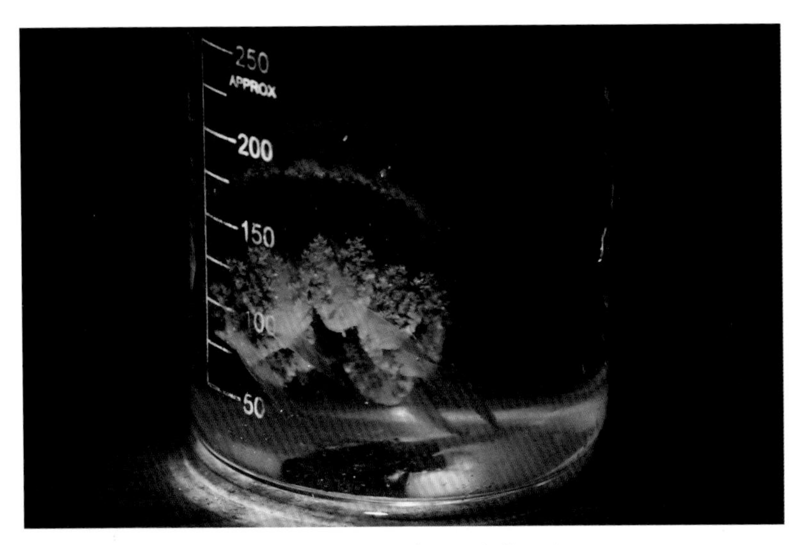

辽宁丹东的室内养殖的海蜇幼体

经过三次盐和明矾处理的海蜇各部位

中文名索引

拉丁学名索引

照片素材说明

本书中所使用的照片，除作者本人拍摄外，部分照片来自于其他摄影师，已在相应照片之下标注了摄影师姓名，相应照片的著作权归拍摄者各自独有，并已获得拍摄者授权在本书及其宣传推广中使用。此外，部分照片由商用图库中购买。另有部分照片来自已获得使用授权（授权信息见https://pixabay.com/zh/service/terms/#license）的免费图库。

以下照片均来自免费图库pixabay，现将上传者在网站上的用户名列出：

P035 池塘中的锦鲤 Yedidia Klein

P063 清蒸带鱼 WangDaxiong

P173 生活状态的乌贼 Naveen Manohar

P177 烤鱿鱼 Peggy und Marco Lachmann-Anke

P177 晾晒中的鱿鱼干 pieonane

P181 晾晒中的章鱼干 Klesy